走出焦虑

[美] 卡伦·霍妮 ◎ 著　　王万顺 ◎ 译

中国画报出版社·北京

图书在版编目(CIP)数据

走出焦虑 / (美) 卡伦·霍妮著；王万顺译.

北京：中国画报出版社，2025.7. — ISBN 978-7-5146-2181-5

Ⅰ.B842.6-49

中国国家版本馆CIP数据核字第2025CF4275号

走出焦虑

[美] 卡伦·霍妮　著　　王万顺　译

出 版 人：方允仲
策　　划：许晓善
责任编辑：程新蕾
内文排版：郭廷欢
责任印制：焦　洋

出版发行：中国画报出版社
地　　址：中国北京市海淀区车公庄西路33号　邮编：100048
发 行 部：010-88417418　010-68414683（传真）
总编室兼传真：010-88417359　版权部：010-88417359

开　本：32开（880mm×1230mm）
印　张：8.875
字　数：160千字
版　次：2025年7月第1版　2025年7月第1次印刷
印　刷：三河市金兆印刷装订有限公司
书　号：978-7-5146-2181-5
定　价：52.00元

目录

01　序　言

001　第 一 章　神经症的文化意蕴和心理学内涵
017　第 二 章　探讨"我们这个时代的神经症人格"的原因
028　第 三 章　焦　虑
048　第 四 章　焦虑与敌意
067　第 五 章　神经症的基本结构
090　第 六 章　对爱的神经症需求
103　第 七 章　对爱的神经症需求的特征
123　第 八 章　对冷落的敏感和获得爱的方式
135　第 九 章　性欲在爱的神经症需求中的作用
149　第 十 章　追求权力、名望和财富
174　第十一章　神经症竞争
193　第十二章　畏避竞争
216　第十三章　神经症负罪感
244　第十四章　神经症受苦的意义——受虐倾向问题
266　第十五章　文化与神经症

序 言

我写这本书的本来目的,是为了对生活在我们周围的神经症患者做一个准确描述,关注那些真正触动他们的矛盾冲突,以及他们在与他人交际以及与自己交流过程中产生的焦虑、经受的痛苦、遇到的各种各样的障碍。在本书中,我不想涉及所有的神经症类型,只是重点关照我们这个时代的神经症患者以各种方式反复呈现出来的性格结构。

我把重点放在实际存在的冲突以及神经症患者试图解决这些冲突所做的努力,和实际存在的焦虑以及神经症患者为了对抗这些焦虑而建立起来的自我保护系统或防御机制上。这种侧重并不意味着我放弃了神经症实质上是从早期童年经验发展而来的观点。但我与许多精神分析学家的不同之处在于，我认为把注意力片面地集中到童年，并且将后来的神经症反应从本质上视为早期经验的重复，是不合理的。我想指明的是，童年经验与后来冲突之间的关系，比那些强调简单因果关系的精神分析学家所设想的要错综复杂得多。尽管童年经验为神经症提供了必要条件，然而它们并不是导致后来种种精神障碍的唯一原因。

当我们集中精力关注实际的神经症障碍时就会发现，神经症不仅可以由偶然的个人经验引发，也可以由特定的文化环境造成。事实上，文化环境不仅为个人经验施以重量和色彩，在最终的精神分析阶段也能决定它们的特定形式。比如，拥有一位专制的或者富于自我牺牲精神的母亲——这要看一个人的运气，但是只有在一定的文化环境之中，我们才能找到专制的或者富于自我牺牲精神的母亲，而且也正是因为处于这样的环境，有这样的经历，才会对其后来的生活产生影响。

当我们认识到文化环境对于神经症患者的重要意义，弗洛伊德所谓的"神经症根源于生物性及生理条件"的观点就退居其次了。后者因素的影响应该只有在证据确凿的前提下加以考虑。

这种情况促使我在关于神经症的一些基本问题上做出一些新的阐释。尽管这些阐释涉及互不相干的很多问题，比如受虐狂问题、爱的神经症需求的内涵、神经症罪感意识的意义等，它们都具有一个共同的基础，即强调焦虑在引发神经症性格倾向中的决定性作用。

由于我的许多阐释偏离了弗洛伊德学说，一些读者也许会问这是否还属于精神分析？答案取决于一个人对精神分析之精髓的理解。如果你认为它完全是由弗洛伊德提出的整套理论构成的，那么这里所呈现的就不是精神分析。但是如果你认为精神分析的精髓在于它是认识无意识进程的作用及其表现途径的某些基本思路，是把握这些无意识进程的某种方式，那么我所探讨的就是精神分析。我觉得，严格遵从弗洛伊德的所有理论阐释将会导致一种危险，即容易使人们从神经症中寻找弗洛伊德理论引导人们希望寻找的东西。这是一种固步自封的危险。我认为，对弗洛伊德巨大成就的尊重应该建立在他所奠定的精神分析理论基础之上。只有这样，我们才能推动作为理论方法和治疗实践的精神分析学面向未来继续发展的可能性。

这一席话同时回答了读者可能提出的另一个问题：我

的阐释方式是否有一些阿德勒式？我的阐释与阿德勒强调的某些论点存在一些相似之处，但从根本上说，我的阐释是建立在弗洛伊德学说基础上的。事实上，阿德勒就是个很好的例子，如果不以弗洛伊德的基本发现作为立足点，片面地去探究，那么对于精神分析过程的洞察无论多么富有成效，都没有多大意义。

因为这本书的主要目的不是界定我在哪些方面同意或者不同意其他的精神分析学家，所以我把具有争议的探讨仅局限于某些问题，在这些问题上，我的观点与弗洛伊德所说的迥然而异。

在这本书里，我所呈现的是长期以来我对于神经症进行精神分析研究获得的印象。若要展示我的阐释所依据的材料，我应该把许多详细的病例囊括进来，但在一本旨在对神经症问题作一般性介绍的书中，这是一个过于繁琐的步骤。我这样做，即使没有这些材料，专家甚至是外行都可以检验我的结论是否正确。如果他是一个细心的观察者，他可以将我的假设与他自己的观察和经验加以比较，并且在此之上对我所说的予以拒绝或接受，修正或强化。

这本书的语言通俗易懂，我的讨论尽量避免太多的枝蔓。书中力避学术术语，因为这些术语容易取代清醒的思考。因此，这本书对于许多读者，尤其是外行来说，关于神经症人格的诸多问题似乎比较容易理解。不过，这是一个错误，甚至是一个危险的结论。我们无法回避这样一个事实：所有的心理问题都必然是极其复杂和微妙的。如果有人不愿意接受这一事实，那他最好不要读这本书，否则他会发现自己仿佛置身迷宫，茫然不知所措，并因寻找不到现成的公式而大失所望。

这本书是写给对此感兴趣的门外汉，以及那些职业就是与神经症患者打交道的人看的，他们都是熟悉相关问题的人。其中不仅包括精神病医生，还包括社会工作者和教师，以及那些意识到精神因素在不同文化研究中具有重要性的人类学家和社会学家群体。最后，我希望它对于神经症患者自己也具有一定意义。如果此类患者原则上不把任何一种心理学思想视为对个人的侵犯和强加而予以拒斥的话，基于个人亲身体验，他对于心理学的复杂性常常比那些健康的人有着更敏锐和更出色的理解。遗憾的是，阅读自己的病况并不会治愈自己；在阅读中，神经症患者更容易发现别人身上的问题，而不是他自己的问题。

借此机会，我要向编辑本书的伊丽莎白·陶德女士表示感谢。至于我要感激的作家，将在正文中提到。我最应该感激的是弗洛伊德,因为他为我们提供了理论基础和分析工具。同时还要感激我的病人,因为我对他们的所有理解都来自我们的合作。

第一章
神经症的文化意蕴和心理学内涵

今天,我们会非常随意地使用"神经症"这个词,但是对它的所指并没有形成一个明确的概念。通常,它仅仅是一种略显卖弄的表示不赞同的方式:过去,一个人被说成懒惰、敏感、贪婪或者多疑就足够了,现在则会冠之以"神经症"。当我们使用这个词的时候,脑子里确实会有一些意识,但是当我们想用恰切的语言去定义它的时候,又难以说清。

首先,神经症患者在对待事物的反应上显得与众不同。类似下面的反应应该被认定为神经症:一个不思进取、甘居下游的女孩宁愿选择拒绝加薪,也不想得到上司的赏识;

一个每周赚三十美元的艺术家，假如他在工作上投入更多时间，就能够赚到更多的钱，但他宁愿依靠那点微薄收入享受生活，花费大量的时间与女人鬼混，或者沉湎于一些技术性的爱好。我们称这种人为神经症的原因是，我们大多数人都习惯并且只深谙于一种行为模式，这种行为模式要求我们在这个世界上领先，胜过别人，去赚取超过满足最低生活限度更多的钱。

这些例子表明，我们认定一个人为神经症患者所依据的标准，是看他的生活方式是否与我们这个时代公认的行为模式相符合。假如这个没有竞争欲望或者至少没有明显竞争欲望的女孩，生长在某个普韦布洛（Pueblo）印第安文化世界中，她就会被认为完全正常。假如那个艺术家生活在意大利南部或墨西哥，他也会被视为正常人。因为在那些文化环境中，除了满足直接需求的必需之外，任何想要赚更多的钱或者付出多一点儿努力的做法，都是不可思议的。再往前回溯，在古希腊，想要做超出个人需求的更多工作的心态肯定会被认为是出格的。

因此，神经症这个词虽然最初用于医学，但现在使用它就要探究其文化内涵。即使我们对病人的文化背景一无所知，也可以医治他的腿部骨折，但是如果一个印第安男孩①告诉我们说他产生了幻觉，并且对幻觉内容坚信不疑，那么依此判断他是个神经病人，就会冒很大的风险。在这些印第安人的特殊文化中，拥有幻象和幻觉经验被认为是一种禀赋，是来自神灵的赐予，拥有这些经验的人会被想当然地赋予特定的权威。在我们这里，一个能和已故祖父进行好几个小时交谈的人，可能是一个神经症患者，然而在一些印第安部落，与祖先进行交流的这种方式则是公认的做法。假如有谁因为自己已故亲属的名字被提及而感觉受到了严重冒犯，我们一定会认为这是神经症，但在季卡里拉·阿巴切（Jicarilla Apache）文化②中这是绝对正常的。假如有谁因为靠近一个月经期的女人而感到极度恐惧，我们认为这就是神经症，然而在很多原始部落中，对月经的恐惧是很常见的心态。

关于什么是正常、什么是不正常的观念，不仅因文

---

① 参见H.斯卡德·梅克尔：《诊疗与文化》，载《异常与社会心理学》1935年第30期，第292—300页。
② M.E.欧普勒：《关于两个美洲印第安部落的矛盾心理解读》，载《社会心理学》1936年第7期，第82—116页。

化差异而不同，随着时间的推移，即使是在同一种文化中也会发生变化。例如，今天如果一个成熟而且独立的女人因为曾经和别人发生过性关系，就承认自己是一个"堕落的女人""不配得到体面男士的爱情"，那么她会被怀疑是一个神经症患者，至少在许多社会圈子中是这样的。大约四十年前，这种负罪心理却被视为正常。关于是否正常的观念也会因不同的社会阶层而异。例如，封建贵族阶层的成员会觉得，如果一个人总是很懒散，只有在狩猎或者战斗中表现得积极活跃，是正常的；然而如果一个小资产阶级的成员也表现出同样的姿态，就会被认为是明显的不正常。这种变化在性别差异中也能发现，只要社会中存在性别差异，正如它们确实在西方文化中存在一样，男人和女人就被断定有着不同的气质。女人在临近四十岁的时候，困扰于行将老去的恐惧，不用说，这是正常的，而一个男人如果在那个阶段对于年龄问题感到战战兢兢，则被认为是神经症。

每一个受过教育的人多多少少都会知道，在是否被视为正常这方面是存在差异的。众所周知，中国人的饮食与我们不同，因纽特人有着与我们不一样的清洁概念，巫医治疗病人的方法也与现代医生治疗病人的方法迥异。然而，不被普遍理解的是，差异不仅表现在风俗习惯上，也表现在欲望和情感上，尽管人类学家曾经或明或暗地论述过这一点。①正如萨丕尔提到的那样，现代人类学的功绩之一，就在于不断地重新发现"正常人"的内涵。②

每一种文化都有充分的理由坚信，自己的情感和欲望才是"人类本性"的正常表现③，心理学也不例外。例如，弗洛伊德从他的观察中得出结论：女人比男人更容易猜忌，然后试图采用生物学证据解释这一假想出来的普遍现象。弗洛伊德似乎还假定，对于谋杀，所有人都会体验到犯罪感。④但是这里有一个不容置疑的事实，即在对待杀人的心

---

① 参见玛格丽特·米德《三个原始社会中的性与气质》、鲁斯·本尼迪克特《文化类型》，以及A.S.哈洛韦尔的《民族学田野工作者心理指导手册》中关于人类学资料的精彩论述。
② 爱德华·萨丕尔：《文化人类学与精神病学》，载《异常与社会心理学》1932年第27期，第229—242页。
③ 鲁斯·本尼迪克特：《文化类型》。
④ 西格蒙德·弗洛伊德：《图腾和禁忌》。

态上人们存在着最大的分歧。正如彼得·弗洛伊兴所指出的，因纽特人并不觉得凶手必须得到惩罚[①]。在许多原始部落中，当一个家庭的成员被外来者杀死后，这个家庭受到的损害可以通过赠予某种替代品来抵偿。在某些文化中，儿子被杀害，母亲的丧子之痛可以通过收养凶手以代替儿子而得到缓解。[②]

如果进一步利用这些人类学上的发现，我们肯定会认识到，我们关于人性的一些观念是非常幼稚的，比如认为竞争、同胞争宠、建立在感情和性基础上的夫妻关系，都是人类本性中固有的东西。我们关于"正常"的概念，来自对某一群体中的某些行为和情感标准的认同，该群体将这些标准强加于他们的成员。但是，这些标准因文化、时代、阶级和性别而异。

对心理学来说，这些考虑比从表面观察得出的结论有着更为深远的影响。最直接的后果是对心理学全知全能的怀疑。基于我们文化的发现和基于其他文化的发现存在相似之处，我们决不能由此而得出结论，说它们都是由相同

[①] 彼得·弗洛伊兴：《北极探险和因纽特人》。
[②] 罗伯特·布里夫：《母亲》。

的动机造成的。幻想一项能够揭示人性中固有的普遍倾向的新的心理学发现，已不再切合实际了。这一切印证了一些社会学家反复强调的论断：世界上不存在适用于所有人的所谓"正常心理学"。

然而，这些局限也有补益，它使我们有可能重新认识人性。这些人类学现象的基本内涵是，我们的情感和心态在超乎寻常的极大程度上取决于我们所处的生活环境，取决于不可分割地交织在一起的文化环境和个体环境。这一点反过来又意味着，如果我们了解自身所处的文化环境，我们就有可能更深刻地理解正常的情感和心态的特殊性质。那么，既然神经症不过是正常行为模式的畸变，那么我们就有可能对它们有更好的认识。

在某种程度上，这样做意味着要追随弗洛伊德的脚步，循着这条道路，弗洛伊德曾展示了对迄今为止从未被认真思考过的神经症的理解。尽管在理论上，弗洛伊德将我们的怪癖向前追溯，归根于天生的生物性驱动，然而在理论以及更多的实践中，他着重表达了以下观点：如果不详细了解个人的生活环境，特别是幼年时期情感塑成的决定性影响，我们就不能理解神经症患者。若将同样的原理应用于特定文化中正常人格结构和神经症人格结构的问题上，就意味着，如果不详细了解特定文化对个人施加的影响，我们就无法理解个人的人格结构。①

另一方面，这样做意味着我们必须向前迈出决定性的一步以超越弗洛伊德，尽管这一步也只有建立在弗洛伊德富有启迪性的发现基础上才有可能。因为虽然说弗洛伊德在某些方面远远领先于他自己的时代，但在另一些方面，特别是在他过分强调精神特性的生物性起源方面，仍然深受那个时代科学主义倾向的影响。他想当然地认为，在我们的文化中经常出现的本能驱动或客体关系，是由生物性决定的"人类本性"，或者源于不可改变的环境条件，如生物学上特定的"前生殖器发育"阶段和恋母情结（即俄狄

---

① 许多作者已经认识到文化因素对心理状况产生决定性影响的重要性。埃里希·弗洛姆在他的论文《基督教教义的形成》（载《意象》杂志1930年第16期，第307—373页）中，第一个在德国精神分析文献中提出并详细阐述了这种研究方法。此后，这种方法被其他人采用，比如威廉·赖西和奥托·菲尼切尔。在美国，哈利·斯塔克·沙利文首先发现在精神分析中考虑文化影响的必要性。以这种方式看问题的其他美国精神分析医生还包括阿道夫·迈耶、威廉·A.怀特（《20世纪精神病学》）、威廉·希利，以及奥古斯塔·布朗纳（《青少年犯罪新探》）。最近，一些精神分析学家，比如F.亚历山大、A.卡尔迪纳，已经开始对心理问题中的文化暗示感兴趣。持这种观点的社会科学家尤以H. D.拉斯韦尔（《世界政治与个体不安全感》）和约翰·多拉德（《生活史准则》）为代表。

浦斯情结）等。

弗洛伊德对文化因素的漠视不仅导致他得出了错误的结论，而且很大程度上妨碍了我们对真正推动我们心态和行为的力量的理解。我认为，这种对文化因素的漠视，正是精神分析亦步亦趋地因循着弗洛伊德开辟的理论道路，尽管表面上似乎有着无限的潜力，但实际上已经钻进死胡同，只有依靠滥用深奥难懂的理论和含混模糊的术语来装点门面的主要原因。

现在我们已经知道，神经症指涉的是对正常心态和行为的偏移与畸变。这个判断依据非常重要，但并不那么充分。没有神经症的人也可能会偏离正常的行为模式。前面提到的那位艺术家，他之所以拒绝花更多的时间去赚取超过生活必需的钱，可能是患有神经症，但也可能是比较明智，以此避免自己陷入争名夺利的旋涡之中。而有些人从表面上看适应当前的生活方式，实际上可能患有严重的神经症。在这种情况下，心理学家或者医疗站的诊断是必要的。

奇怪的是，从这个视角去说明神经症的内涵是相当不容易的。不管怎样，若我们仅研究表面现象，就很难发现所有神经症的共同特征。我们当然不能使用各种症候（如恐惧、抑郁、功能性生理失调）作为判断依据，因为它们可能并不会显现出来。某种形式的抑制总是存在的，至于原因我将在后面讨论，但它们可能非常隐晦，或者伪装得非常巧妙，以至于逃过了表面观察。如果我们仅从表面现象判断人际关系是否紊乱，包括性关系，也会产生同样的困难。它们从来不会消失，只是它们可能非常难以辨识。然而，即使我们不具备关于人格结构的精湛知识，也仍然可以从神经症病人身上鉴别出两个特征：反应上的某种固执，以及潜能和实现之间的不成比例。

这两个特征需要进一步阐释。我所说的反应上的固执，是指缺乏那种使我们能够对不同状况做出不同反应的灵活性。比如，正常人在感觉到或者看到可疑之处会表现出怀疑；而神经症患者无论在什么状况、任何时候都可能会表现出怀疑，无论他是否意识到了自己的这种情况。正常人能够区分别人对自己的赞美是出于真诚或者只是出于虚情假意；神经症患者在任何情况下都不会分辨出两者之间的区别，或者可能完全忽略两者之间的区别。正常人如果感觉自己遭受到了没有任何理由的强迫，就会愤恨不平；而神经症患者可能会对任何暗示都表现出怨恨，即使他明白别人是为了他好。正常人有时候会在一件重要且难以决断的事情上犹疑不决；神经症患者则可能在任何时候都优柔寡断。

然而，固执只有在偏离了文化模式时，才能成为神经症的表现。在西方文明中，固执地对任何新鲜的或者陌生的事物持怀疑态度，在大部分农民当中是一种常态；而小资产阶级偏执地看重生活节俭，也是一个常见的固执的例子。

同样，如果一个人的潜能和他在现实生活中实际取得的成就之间差距悬殊，可能只是由于外部因素造成的。但是，如果他具备天赋和适合它们发展的外部条件优势，却仍然无所作为，或者尽管他拥有感到幸福的所有可能，却不能从中享受到幸福，或者尽管一个女人非常漂亮，却觉得自己不能够吸引男人，这些都是神经症的表现。换句话说，神经症患者给人的印象是他自己给自己制造了障碍。

撇开表面现象，深入有效产生神经症的动力系统中，我们就会发现，所有的神经症都具有一种共同因素，那就是焦虑，以及为了抵抗焦虑而建立起来的防御机制。不管神经症的人格结构有多么复杂，这种焦虑是启动神经症过程并保持其运转的原动力。在后面的章节中，这种观点的含义将变得清晰，因此我姑且忍住，先不举例子了。但是即使我们只是暂时地接受这一基本理念，也还需要对它加以进一步的阐述。

上面的说法显然太过笼统。焦虑或者恐惧——让我们临时交替使用这两个术语——无处不在，抵抗它们的防御机制也是如此。这些反应并不仅限于人类。如果动物受到某种危险的惊吓，会做出反击，或者逃之夭夭，我们也有完全相同的感到恐惧和进行防御的情况。如果我们害怕遭到雷电的袭击，就在屋顶上安装一个避雷针，如果我们害怕意外事故造成的后果，就投一份保险，这样做都包含着类似的恐惧和防御的因素。恐惧与防御的因素以不同的具体表现形式存在于每一种文化之中，有可能约定俗成，例如由于害怕中邪而佩戴护身符，由于害怕死者作祟而举行隆重的祭祀仪式，由于害怕妇女月经会带来灾祸而制定避免接触经期女人的禁忌。

这些相似性容易使我们犯一种逻辑推论错误。既然恐惧和防御是神经症中的基本因素，那为什么不可以把为了抵御恐惧而约定俗成的防御机制称为"文化的"神经症呢？这一推理的谬误在于，当两种现象具有一种共同要素时，它们并不一定完全等同。我们不会仅仅因为房子是由石头这种材料建造的，就把房子叫作石头。那么，使神经症患者成为病态人格的恐惧与防御措施，其根本特征是什么呢？也许神经症恐惧是想象出来的？不是的，因为我们也可能会把对死者的恐惧称为想象性恐惧；而在这两种情况下，我们都仍然如坠五里雾中，不明所以。也许神经症患者根本不知道自己为什么恐惧？不是的，因为原始人类同样也不知道自己为什么害怕死者。显然，两者之间的区别与意识水平或理性程度毫无关系，而是存在于以下两个因素之中。

首先，每一种文化所提供的生活环境都会产生一些恐惧。不管这些恐惧是如何产生的，它们都可能由外部危险引起（例如大自然、敌人），或由社会关系的各种形式（例如因压抑、不公、强迫服从、挫败等而激发出来的敌意）引起，或由文化传统（例如对魔鬼、触犯禁忌的传统性恐惧）引起。每个人可能或多或少都会遭受这些恐惧，但总的来说，在特定的文化中，这些恐惧强加于每个人，没有人能够幸免。不过，神经症患者不仅承担了一定文化中所有人共有的恐惧，而且由于个体生活环境的不同（但这种生命环境却与普遍生活环境交织在一起），他还具有在量与质上都偏离了文化模式的种种恐惧。

其次，这些存在于特定文化中的恐惧通常会被某些保护手段（如禁忌、仪式、习俗）所抵消。一般来说，与神经症患者以其他方式建立起来的防御系统相比，这些对付恐惧的防御措施更为经济。因此，正常人虽然不得不经受他所处文化中的恐惧和防御，但总的来说完全有能力发挥他的潜能，并且享受生活提供给他的发展机遇。正常人能够充分利用他所处文化赋予的各种机会。退一步说，即使不能利用这些机会，在他所处的文化中，他也不会遭受更多无法避免的痛苦。然而，神经症患者却总是会遭受比一般人更多的痛苦。他总会为他的防御付出更高昂的代价，这包括生命活力和拓展能力受到减损，或者更具体地说，他获得成就和享受生活的能力减损，从而导致了前面我所提到的潜能和实现之间不成比例问题。事实上，神经症患者注定是一个饱受痛苦的人。在讨论所有的神经症可以通过表面观察而发现的共同特征时，我之所以没有提及这一事实的唯一理由，在于它并不一定能从外部观察得到，甚至连神经症患者自己都可能没有意识到他正在受苦这一事实。

在谈论恐惧与防御的时候，很多读者恐怕已经变得不耐烦了，对于什么是神经症这么简单的问题，我居然在这里作了如此广泛的讨论。作为自我辩解，我需要指出的是，精神现象总是错综复杂的，纵然有些问题看似简单，却从来没有简单的答案。我们在本书开头遇到的困境并非特例，无论我们要解决什么问题，这样的困境都将伴随我们贯穿全书。对神经症进行描述的特别困难之处在于，单靠使用心理学的或者社会学的工具，都不能给出令人满意的答案，它们必须交替使用，先使用一种，再使用另一种，就像事实上我们已经做过的那样。如果我们只是从驱动力和心理结构的观点来看待神经症，我们应该把一个事实上并不存在的正常人实体化。一旦我们跨过自己的国家或者拥有相似文化的国家的边界，我们就会遇到更多的困难。另外，如果我们只是从社会学观点的角度来看待神经症，将其视为某一个社会中人们的普遍行为模式的偏离，那么我们就会严重忽视我们对神经症心理特征已有的全部了解，任何学校或者国家的精神病医生都不会承认这种结论，这会让人以为他们平时就是这样界定神经症的。这两种路径的会合就在于采取这样一种观察方法，这种观察方法既考虑到神经症明显表现中的偏离，又考虑到心理过程驱动力中的偏离，但不把任何一种偏离视为主要的和决定性的。必须把两者结合起来。我们所采取的就是这一观察方法，一般说来，我们指出了恐惧和防御是神经症的内在动力之一，但是只有当在量与质上都偏离了同一文化中模式化了的恐惧和防御措施时才构成神经症。

沿着这个方向，我们必须更进一步，因为神经症还有另外一个基本特征，那就是冲突倾向的存在。对这种冲突倾向的存在，或者至少是对它的确切内容，连神经症患者自己都没有意识到，因此他只是自发地试图去达成某种妥协解决方案。正是这后一种特征，曾经被弗洛伊德作为神经症不可或缺的组成部分，以不同形式加以强调。将神经症冲突与共同存在于一种文化之中的冲突区别开来的，既不是这些冲突的内容，也不是说这些冲突本质上都是无意识的——在这两个方面，共同的文化冲突可能完全相同——而是这样一个事实：在神经症患者身上，这些冲突更加尖锐和强烈。神经症患者试图达到某种妥协的解决方式，我们不妨把它们称为"病态的解决方式"，与一般正常人的解决方式相比，并不令人满意，而且往往是以损害完整人格这么巨大的代价实现的。

回顾所有的这些考虑，我们仍然不能对神经症给出一个完美周全的定义，但是我们可以形成一种描述：神经症是由恐惧和对这些恐惧的防御机制，以及为冲突倾向寻找妥协解决方案的各种努力所引起的精神紊乱。根据实际情况，只有当精神紊乱偏离了特定文化的共同模式时，才适宜称为神经症。

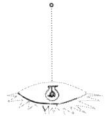

第二章

探讨"我们这个时代的神经症人格"的原因

由于我们的兴趣集中于神经症影响人格的方式，我们探询的范围也仅限于两个路径。首先，神经症可能会发生在那些人格反而完好无损、未被扭曲的人身上，其发病是对充满冲突的外部环境的一种反应。在讨论了某些心理过程的基本特性之后，我们将回过头来简要地探讨一下这些简单的情境神经症的结构。①但此刻我们的主要兴趣并不在这里，因为情境神经症并没有表现出神经症人格，只是对

---

① 情境神经症与J.H.舒尔茨所说的外源性神经官能症（Eexogene Fremdneurosen）大致吻合。

当前的困难处境暂时缺乏适应能力。提到神经症的时候，我所指涉的是性格神经症，换言之，在一定的环境中，尽管症状可能与情境神经症完全相似，但其主要的紊乱在于性格发生变态。①它们是潜隐的、慢性发展的结果，通常起始于童年时代，并且或多或少、或强或弱地波及人格的各个部分。从表面上看，性格神经症也可能是由实际的情境冲突造成的，但是仔细搜集患者的病史就可以发现：早在任何令人困扰的情况出现之前，障碍性格特点就已经存在了，暂时的困境本身在很大程度上源于之前存在的性格障碍；此外，患者对生活状况的神经质反应对正常的健康人而言并不意味着任何冲突。因此，情境不过是揭示了可能早已存在的神经症。

其次，我们对神经症症状的具体表现并不太感兴趣。我们的兴趣主要集中于性格紊乱本身，因为人格变态是神经症中始终都有的反复出现的现象，而临床意义上的症状可能变化无常，或者完全付诸阙如。而且从文化角度来看，性格养成比临床症状更重要，因为影响人类行为的是性格，

---

① 弗兰兹·亚历山大曾建议用性格神经症这个术语来指涉那些缺少临床症状的神经症。我认为这个术语并不能站得住脚，有无症状往往与神经症的性质毫不相干。

而不是症状。随着对神经症结构认识的加深，以及意识到症状的治疗并不一定意味着神经症的痊愈，精神分析学家普遍转移了他们的兴趣，把更多的注意力放到了性格变态上面，而不是症状上。打个比方来说，神经症症状不是火山本身，而是火山喷发，而致病的冲突，就像火山一样深深隐藏在患者的内心，连他自己也一无所知。

在做出这些限定之后，我们可能会提出一个问题，今天的神经症患者是否具有一些共同特性，它们非常重要，以至于可以将其称为我们这个时代的神经症人格呢？

至于那些伴随不同类型的神经症产生的性格变态，令我们印象深刻的是它们的差异性，而不是它们的相似性。例如，歇斯底里型人格完全不同于强迫型人格。然而，吸引我们注意的差异是发生机制上的差异，或者，按照更常用的说法，是两种性格紊乱各自不同的表现方式和解决方式。例如，与强迫型人格将内心的矛盾冲突理性化相比，在歇斯底里型人格中心理投射起到主要作用。另一方面，我所谓的相似性与临床表现或者它们的发病方式无关，而是与矛盾冲突本身的内容有关。说得更确切一些，这种相似之处，很大程度上并不在于从基因上引发紊乱的那些经验，而在于实际导致患者产生紊乱的内在冲突。

要阐明这些驱动力及其分支，必须有一个前提条件。弗洛伊德和大多数精神分析学家侧重强调这样一个原则，即精神分析任务的达成，在于发现一种冲动的性欲根源（例如特定的性敏感区），或者发现一种被认为是反复重演的婴幼儿模式。尽管我认为，如果不追溯婴儿期的状况，全面理解神经症是不可能的，但我相信，如果片面地运用发生学的方法，只会混淆问题而不是澄清问题，因为它会导致我们忽视实际存在的无意识倾向及其功能，还有与其他存在的倾向（如冲动、恐惧、保护性措施）之间的相互作用。基于发生学的理解，只有在它有助于功能性理解的情况下才有效用。

沿着这个思路，在分析不同年龄、性情、兴趣，来自不同社会阶层，最容易发生变化的形形色色的属于不同类型的神经症人格时，我发现，在研究对象身上，所有那些动力中心的冲突内容及其相互关系大致相似。[①]我在精神分析实践方面的经验，已经通过观察正常人及当代文学作品

---

① 强调这种相似性，并不完全意味着轻视使用科学上的方法研究特殊类型的神经症所做的努力。恰恰相反，我完全坚信，精神病理学在描述心理紊乱的某些特定方面，如它们的起源，它们的特殊结构，它们特有的临床表现，取得了显著成就。

中的人物形象得到证实。对于神经症患者反复出现的那些心理问题，如果剔除通常具有的怪诞和莫名其妙的特征，我们很容易注意到，它们与我们文化中困扰正常人的那些问题，仅仅是在程度上有所差别。我们大多数人不得不面临竞争问题、对失败的恐惧、情感上的孤独，对别人以及对我们自己的不信任，并因此与之斗争。这里提到的只是一部分问题，它们不仅仅存在于神经症患者身上。

一般来说，某种文化中的大多数个体都不得不面对同样的问题，这一事实意味着，这些问题是由存在于该文化中的特定生活环境造成的。它们并不能说明"人性"中共有的问题，似乎是有事实依据的，因为其他文化中的驱动力与冲突不同于我们文化中的驱动力与冲突。

因此，在谈论我们这个时代的神经症人格时，我的意思不仅是神经症患者拥有共同的基本特征，而且这些基本的相似性从根本上来讲是由我们这个时代和文化中存在的种种困境造成的。结合我的社会学知识范围，我将在后面说明我们文化中的哪些困境是导致我们产生心理冲突的原因。

关于我对于文化和神经症之间关系的假设是否正确，还应当由人类学家和精神病学家的通力合作来检验。精神病学家不仅要研究特定文化中神经症的表现，例如从形式的标准研究神经症的发生频率、严重程度和类型，而且尤其应该从是什么样的冲突构成神经症的角度去研究它们。人类学家则应该从是什么样的文化结构给个人带来了精神困境的角度研究同一种文化。所有这些基本冲突有一个共同的表现方式，即它们都是一种可以通过表面观察而把握到的心态。我所谓的表面观察，指的是一个好的观察者可以不借助精神分析技术工具，直接在他十分熟悉的人身上进行观察，比如他自己、他的朋友、他的家人，或者他的同事。现在，我将对这些可以通过观察而频繁发现的现象做一个简单的剖析。

这些可以观察到的心态倾向大略分类如下：关于给予与获得关爱的态度；关于自我评价的态度；关于自我肯定的态度；攻击性；性欲。

至于第一种态度，我们这个时代神经症患者的主要倾向之一是，过度依赖他人的认同或者关爱。我们都想被别人喜欢，赢得赞赏，但是神经症患者对于关爱或者认同的依赖，却与关爱和认同对于他人的生活所具有的实际意义相比，极不相称。尽管我们都希望被我们喜欢的人喜欢，但在神经症患者那里，对于赞赏或关爱有一种不分青红皂白的饥渴，不管他们是否关注那个人，或者来自那个人的评价对他们有没有任何意义。通常情况下，他们意识不到这种无限的渴望，但是当他们渴望的关注没有到来的时候，这种渴望就会从他们的过分敏感中暴露出来。例如，如果有人没有接他们的电话，或者好长时间没有给他们打电话，甚至仅仅是不赞同他们的一些观点，他们都可能会感觉受到了伤害。这种敏感可能会被一种"我不在乎"的态度掩藏起来。

而且，在他们对关爱的渴望与他们自身的感受能力或者给予关爱的能力之间，存在着明显的矛盾。他们对于关爱的过分需求，与缺乏对他人的关爱形成鲜明对比。这种矛盾并不总是浮于表面。例如，神经症患者可能也会过分体贴，表现得急于帮助他人，但在这种情形下，显而易见他的行为是强迫性的，其热情并非发自内心。

这种对他人的依赖，是内心缺乏安全感的表现。这是我们通过表面观察，很明显地从神经症患者身上发现的第二种态度。自卑感和不足感是其准确无误的标志。它们可以以很多种形式出现，比如认定自己无能、愚蠢、缺乏魅力，而这些想法可能并没有任何现实依据。我们发现，极其聪明的人也会有认为自己愚蠢的想法，最漂亮的女人也会产生自己缺乏魅力的念头。一方面，这些自卑感可能会以自怨自艾的形式公开显示出来，也可能会把所谓的缺陷视为事实，而在上面过多地浪费心思。另一方面，它们可能会被掩盖起来，并通过一种自我夸张的补偿性需求，不由自主地炫耀，用各种能在我们的文化中赢得尊重的东西，引起别人和自己的重视，例如金钱、古画收藏、老式家具、女人、与名人的社会交往、旅游，或者高人一等的知识。这两种倾向中的任何一种都有可能会比较突出地表现出来，但在一般情况下，人们会明显地感觉到两种倾向同时存在。

第三种态度，即自我肯定，包含着非常明显的抑制倾向。所谓自我肯定，我指的是肯定自己或者肯定自己主张的行为，并没有其他意思。在这方面，神经症患者显示出大量的综合性抑制倾向。他们抑制自己表达愿望或者要求什么东西，抑制做有利于自己的事情，抑制发表意见或者合理的批评，抑制指使他人，抑制选择他们希望交往的人，抑制与别人接触，等等。

在我们称之为坚持个人立场方面，也存在着抑制倾向：神经症患者通常无法抵御来自别人的攻势，或者当他们不愿意顺从他人的意愿时无力说"不"。例如，一个女售货员想要卖给他们不想买的东西,或者有人想要邀请他们参加聚会,或者一个女人或男人想要与他们做爱,他们都不能表示反对。最后,他们在弄清楚自己想要什么时也存在抑制倾向:难以做出决定,无法形成意见,不敢表达仅仅关切他们自己利益的愿望。这样的愿望必须隐藏起来。我的一位朋友在他的个人账簿中,把"电影"记在"教育"名下,把"酒水"记在"健康"名下。在这种情形中,尤其严重的是缺乏计划能力[①],不管是一次旅行,或者是一项生活计划:神经症患者总是让自己随波逐流,甚至在一些重要的决定上也是如此,比如对于职业或婚姻。对于生活中想要的东西,他们缺少明确的概念。他们仅仅是受到某种神经症恐惧的驱使,就像我们看到的那些因为害怕贫穷而拼命攒钱的人,或者因为害怕从事一份富有创造性的工作而投身到无休无止谈情说爱之中的人。

第四种态度与攻击性有关,乃是一种与自我肯定相反的态度,指的是反对、攻击、诋毁、侵犯,或者任何形式的敌对行为。这一类型的心理紊乱以两种完全迥异的方式

[①] 《命运与神经衰弱》(*Schicksal und Neurose*)的作者舒尔茨-亨克(Schultz-Hencke),是对这一问题给予足够重视的为数不多的精神分析学家之一。

表现出来。一种是喜欢挑衅别人，盛气凌人，过于苛刻，颐指气使，欺骗，或者挑人毛病。有这些情况的人偶尔会意识到自己的攻击倾向，但在更多时候，他们根本没有意识到这一点。他们非常主观地坚信，他们是在表示真诚，或者只是发表自己的意见，甚至谦恭地表达他们的诉求，尽管事实上他们蛮横无理和咄咄逼人。但在其他一些人身上，这些心理紊乱通过相反的方式表现出来。通过表面观察就可以发现，他们很容易感觉到自己上当受骗、受人操控、遭人责骂、被人强迫或者被侮辱。同样，这些人往往意识不到这只是他们自己的心态，而是悲观地相信整个世界都在压抑他们，亏待他们。

第五种态度，即在性生活方面的癖好，可以大致分为两类，或者是对性行为的强迫性需求，或者是对性行为的抑制。性抑制可能出现在达到性满足过程中的任何阶段，可以表现为禁止自己接近异性、禁止向异性求爱、对性功能和性欢娱存在反感等。前面提到的几组反常特性也会出现在性心态上。

在描述我所提到的这些态度时，或许可以采用更长的篇幅。我将在后面回过头来对它们一一加以讨论，现在再详尽的描述对我们的理解也没有多少帮助。为了更好地理解这些态度，我们必须考察这些态度产生的动态过程。只有认识了潜在的动态过程，我们才能发现，所有的态度看上去似乎毫不相干，但在结构上是相互关联的。

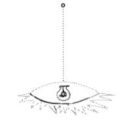

第三章

焦 虑

在对今天的神经症进行更加详尽的讨论之前,我得重新拾起我在第一章结尾留下的一个话题,澄清我所提到的焦虑的含义。这样做十分必要,就像我所说的,焦虑是神经症的驱动中枢,我们不得不时时刻刻面对它。

前面我曾使用这个术语作为恐惧的代名词,指出了两者的共同起源关系。实际上,两者都是对危险境况做出的情绪反应,都可能伴随着生理感觉,比如颤抖、排汗、心跳剧烈等。这些生理变化可能非常强烈,以致产生突然的、强烈的恐惧,甚至可能会导致死亡。尽管如此,焦虑与恐惧之间仍然存在着不同之处。

如果一位母亲只是因为她的孩子长了一个疱疹，或者得了轻微的感冒，就害怕孩子会死亡，我们说这是焦虑；但是如果她因为孩子患上了严重疾病而感到害怕，我们则将这种反应称为恐惧。如果一个人每当站在高处时就感到害怕，或者当他不得不与人讨论一个非常熟悉的话题时而感到害怕，我们称他的反应是焦虑；如果一个人害怕是因为他在高高的山上迷失了路途，此时正值狂风暴雨、雷电交加，那么我们把这种害怕叫作恐惧。至此，我们应该能够做出一个简单而且确切的区分：恐惧是一个人对不得不面对的危险做出的相应程度的反应，焦虑则是面对危险做出的与危险程度不相称的反应，甚至是对想象出来的危险的一种反应[①]。

可是这种区分存在缺陷，即判断一种反应是否恰当，必须取决于特定文化中的一般常识。但是，即使这一常识表明了某种倾向没有产生的根据，一个神经症患者也会毫不费力地为他的行为找到合理的依据。事实上，如果你告诉病人说，他害怕受到性情狂躁的疯子的攻击是一种神经

[①] 弗洛伊德在他的《精神分析导论新讲》的《焦虑与生活本能》一章中，对"客观存在的"焦虑和"神经质"焦虑作了一个类似的区分，将前者描述成一种"对危险的理智反应"。

症焦虑，你可能会陷入无休无止的争论当中。他会指出，他的恐惧是有现实依据的，并且会举出这种情况的实际例子。如果有谁认为原始土著的某些恐惧反应与实际危险不相称，原始土著同样会坚持己见。例如，在一个有着不能猎食某种动物禁忌的原始部落里，如果一个土著不慎偶然吃了禁忌食用的动物的肉，一定会惊恐得要死。作为一个局外的观察者，你可能会说这是一种不恰当的反应，实际上是毫无根据的迷信。但是如果知道这个部落里有禁食这种动物的信仰，你就会明白，这种情况对那个人来说意味着一种绝对的危险，这种危险可能是狩猎或者打渔的场所会遭到破坏，或者是为整个部落招致灾病。

然而，我们在原始土著身上发现的焦虑，跟在我们文化中被视为神经症患者身上的焦虑相比，是不同的。不像土著，神经症患者焦虑的内容并不涉及人们普遍奉行的信念。不管哪种情况，一旦理解了焦虑的含义，反应不恰当的印象就会被打消。例如，有这样一些人，对于死亡他们有着无法驱散的焦虑；另一方面，正是由于他们遭受的这种痛苦，使他们对于死亡又怀有一种隐隐的渴望。他们对于死亡的种种恐惧，再加上对于死亡的胡思乱想，就会产生一种死亡迫在眉睫的强烈恐惧。如果了解了所有这些产生恐惧的因素，我们就不能不把他们对死亡的恐惧称得上是恰当的反应。另外一个简化的例子是，当人们发现自己靠近一座悬崖，或者站在高楼上的窗户旁，或者站在高高的桥上时，会感到恐惧。这里也一样，从表面来看，恐惧反应好像是不成比例的。但是这种处境可能会让人产生这样一种倾向，或者唤起心中的矛盾冲突：一边是生存的愿望，另一边是出于这样那样的原因想要从高处一跃而下的念头。正是这种冲突，可能会导致焦虑。

所有这些考量表明，对它们的定义需要做出改变。恐惧和焦虑都是对危险的恰当反应；但在恐惧的情况下，危险是显而易见的、客观的，而在焦虑的情况下，危险是深藏不露的、主观的。也就是说，焦虑的强度与这个人所处的环境对他的意义是成正比的，至于焦虑的原因却是一无所知。

区分恐惧和焦虑的实际意义在于告诉我们，采用劝说的方法试图说服一个神经症患者走出焦虑，是徒劳无功的。他的焦虑并不关涉现实生活中实际面临的处境，而是他自己内心感受到的处境。因而，对其进行治疗的任务只能是寻找对神经症患者具有意义的某些处境。

弄清了我们所说的焦虑的含义之后，我们还得了解它在生活中所起的作用。在我们的文化中，一般很少有人能意识到焦虑在他生活中具有的重要性。通常他只是记得在童年时代曾经有一些焦虑，他做过一个或者好几个有关焦虑的梦，或者在日常生活之外的情境，比如在与一个有权势的人物进行重要的会谈之前，或者考试之前，他会变得异常焦虑不安。

关于这一点，我们从神经症患者那里采集到的信息并非绝对一致。有些神经症患者充分意识到自己被焦虑所困扰，它们的临床表现形式千变万化：它可能以焦虑症发作的方式表现为扩散性焦虑；它可能与一定的情境或活动密切联系在一起，例如置身高处、街道，或者公开场合；它可能包含一些明确内容，比如担心精神失常，得癌症，吞下了异物。另外一些人感到他们偶尔会产生焦虑，不管他们是否清楚引发焦虑的条件，只是他们并不认为这些条件有多么重要。最后，还有一些神经症患者，他们只知道自己有抑郁、不自信、性生活紊乱等情况，但他们完全意识不到是否曾经有过焦虑。可是，进一步的调查往往表明，他们最初的陈述是不确切的。在对这些人进行分析的时候，我们总能发现，在焦虑并不明显的表面之下，他们隐藏的焦虑与前面那些人的焦虑恰恰一样多，而不是更少。精神分析让这些神经症患者意识到他们以前存在的焦虑,他们可能会回想起那些令他们坐卧不安的焦虑的梦或者处境。尽管这样,能够得到他们承认的焦虑,通常不会超过正常水平。这也就是说,我们可能患有焦虑症,自己却意识不到。

这样说恐怕还没有揭示出这一问题的全部意义。它只是一个具有相当综合性的问题的一部分。我们有着关爱、愤怒和猜疑,它们是如此短暂易逝,以至于几乎没有侵入我们的意识就飞快地一闪而过,很快被忘记。这些感觉可能真的是互不相干、转瞬即逝,但是在它们的背后也可能隐藏着一股巨大的驱动力量。对于一种感觉的觉察程度并不能说明这种感觉的强度或者重要性是怎样的。[①]对焦虑而言,这不仅意味着我们可能存在焦虑而毫不知情,而且在我们意识不到的情况下,焦虑在我们的生活中可能是具有决定性作用的因素。

事实上,我们似乎都在竭尽所能地摆脱焦虑或者避免感受到焦虑。这样做有很多理由,最常见的理由是,强烈

---

① 这只不过是对弗洛伊德关于无意识因素的重要性这一基本发现的其中一个方面的阐释。

的焦虑是最折磨人的。那些经历过强烈焦虑折磨的病人会告诉你，他们宁愿去死也不想再次经历这样的折磨。另外，对个人来说，焦虑影响中包含的某些因素可能格外让人难以忍受。其中一种因素就是无助。当一个人面对巨大的危险时，可以很积极、很勇敢地去面对。然而在焦虑的状态下，事实上一个人确实会感觉到无能为力。承认被逼无奈，对于那些将追逐权利、地位，试图掌控任何局面作为最高理想的人来说，尤其难以容忍。这种与理想明显相反的反应刻骨铭心，挥之不去，令他们痛恨不已，好像它证实了自己的软弱或者怯懦。

焦虑影响中的另外一个因素是显而易见的非理性。对有些人来说，允许任何非理性因素支配自己是特别难以忍受的。这些人隐隐地感到有被自己身上非理性的对立力量吞没的危险，他们会主动地把自己训练成严格的理性支配者，不会容忍任何非理性的东西。除了包含着各种个人动机之外，后一种反应还涉及文化因素，因为我们的文化非常注重理性思维和理智行为，而把非理性的，或者看起来像是非理性的东西视为低级的。

在一定程度上与此相关联的是焦虑中的最后一个因素：正是通过非理性，焦虑发出了一个含蓄的警报——我们身上有什么东西异常了。因此，这确实是一种警报，它要求我们检视自己。不是说我们有意识地把它当成一种警报，而是说不管我们选择正视它还是不正视它，它都潜伏存在。没有谁会喜欢这种警报，可以这么说，我们反感的毋宁说是认识到我们必须要改变自己的一些态度。然而，一个人越是绝望地感到自己深陷恐惧与防御机制交织的错综复杂的罗网之中，他就越是坚持他的错觉，认为自己在所有事情上都是正确和完美的，于是他就越是本能地拒绝任何关于自己身上出了问题并需要改变的提示，即使只是以间接的或者含蓄的方式暗示。

在我们的文化中，存在着四种逃避焦虑的主要方式：将焦虑合理化；否认焦虑的存在；麻醉自己；规避可能引起焦虑的思想、情感、冲动和情境。

第一种方式，将焦虑合理化，是逃避责任的最好解释。这种方式主要是把焦虑转化为一种合理的恐惧。如果无视这种转化的心理意义，我们可能误以为这种转化不会带来多大改变。过于关心孩子的母亲，确实是在关心她的孩子，不管她是否承认有无焦虑，或者她是否将她的焦虑解释成一种合理的恐惧。不过，我们可以尝试多次告诉这位母亲她的反应不是一种合理的恐惧，而是一种焦虑，暗示她的焦虑与孩子现有的危险不相称，她的焦虑中包含着很多个人因素。作为回应，她会反驳这种暗示，并将全力以赴地证明你是完全错误的。难道玛丽不是在托儿所里得的这种传染病吗？难道约翰尼不是在爬树的时候摔断了腿？最近不是有个男子采用许诺给孩子糖果的方式，企图诱拐孩子吗？难道她的这种行为不是完全出于对孩子的爱和责任心吗？[1]

无论何时，只要遇到类似的对其不合理焦虑进行慷慨激昂辩护的态度，我们就可以确定，这种辩护态度对这个人有着非常重要的作用。这样母亲的情绪就不会受到感觉无能为力的困扰，相反她会觉得能够为这种情况积极主动地做点儿什么。她不会承认自己软弱无力，而是为她判断上的高标准感到骄傲。她不会认可她的态度中弥漫着非理性因素，而是觉得这种行为完全合理和正当。她不会觉察到并接受"改变一下自己态度"的警报，而是继续把责任转移到外部世界，从而逃避直面自己的真实心理问题。当然，她不得不为这些暂时获得的利益付出代价，那就是永远无法摆脱她的忧虑。特别是孩子们也要付出代价，但她

---

[1] 参见桑德尔·雷多《过分焦虑的母亲》。

没有意识到这一点,说到底,她根本就不想意识到,因为打心底里她就紧紧地抱定一种幻想:她无需改变自己的内心,就能够设法获得只有从改变中才能获得的所有好处。

同样的原则也适用于相信焦虑是一种合理性恐惧的所有倾向,无论恐惧的内容是什么:分娩、疾病、错误饮食、灾难,或者贫穷。

逃避焦虑的第二种方式是否认它的客观存在。确实,在这种情况下,除了予以否认,即将它从意识中排除在外,对付焦虑没有什么好的办法。所有这些迹象都是伴随恐惧或者焦虑产生的生理现象,比如颤抖、出汗、心跳加速、窒息感、尿频、腹泻、呕吐。在精神方面,则是坐立不安、焦急浮躁或者产生迷茫麻木的感觉。当我们害怕并且意识到自己害怕的时候,我们可能会产生所有这些感觉和生理现象。这些感觉和生理现象也可能是受到压抑的既有焦虑的专属表现。在后面这种情况下,一个人对他自身状况的所有了解只是这样一些事实:在某些情况下他忍不住频繁小便,在火车上老是恶心想吐,有时晚上睡眠盗汗,而且这些情况通常没有任何生理上的原因。

但是,有意识地否认焦虑,自觉地试图克服焦虑,也是有可能的。这类似于正常情况下发生的事情,即试图通过漠然视之的态度来摆脱恐惧。所谓"正常情况"下的一个最熟悉的例子是，战士在战场上受到克服恐惧的冲动的驱使，会表现出英勇的举动。

为了战胜焦虑，神经症患者也可能做出清醒的决定。比如，一个女孩在青春期临近之前始终饱受焦虑的折磨，尤其是害怕入室行窃的小偷，但她有意识地决定忽视这种焦虑，独自睡在阁楼上，或者一个人在空荡荡的房间里走动。她提供的用于精神分析的第一个梦能够显示出她的态度的各种变化。这个梦包括几种情境，实际上都非常可怕，但是每次她都勇敢地面对了。其中有一次，她在夜里听到从花园里传来脚步声，于是走出去，站在阳台那里，喊道："谁在那里？"她成功地消除了对窃贼的恐惧，但是由于引发焦虑的内在因素没有得到改变，所以焦虑产生的其他后果仍然没有消除。她还是那么孤僻和胆怯，感到不受欢迎，不能安下心来做任何有益的工作。

神经症患者通常缺少清醒自觉的决定，这一过程往往是自动进行的。然而，他们与正常人的差异不在于对于决定的觉察程度，而在于它所取得的结果。神经症患者试图通过"自我提振"取得的全部结果，不过是消除了焦虑的显著表现形式，就像那个女孩消除了对于窃贼的恐惧一样。

我不是有意低估这样的结果。它可能具有实用价值，也可能在增强自尊心方面具有心理作用。但是由于这些结果经常被高估，因此有必要指出其消极的一面。[①]事实上，在这些结果中，不仅人格的基本动力结构没有得到任何改变，而且当神经症患者消除了现有焦虑的显著表现形式的时候，也消除了解决焦虑的应激能力。以激进粗暴的方式对付焦虑，在很多神经症患者身上发挥着巨大的作用，但它的真实面目并不容易被分辨出来。比如，很多神经症患者在某些情况下表现出来的攻击性，经常被当作真实敌意的直接表达，然而它可能主要是在感觉受到攻击的压力之下，战胜现有怯懦的一种鲁莽举动。虽然有些敌意确实存在，但神经症患者可能过分放大了自己实际感受到的威胁，他的焦虑刺激着他去战胜自己的怯懦。如果忽视了这一点，就会有误把鲁莽举动当作真正的攻击倾向的危险。

从焦虑中解脱出来的第三种方法是麻醉自己。这可以通过有意识地直接酗酒或者吃药达到目的。除此之外还有一些方法能够做到这一点，它们彼此之间没有明确的联系。

---

① 弗洛伊德曾一再着重地强调这一点：症状的消失，不是疾病得到治愈的充分条件。

其中之一是由于害怕孤独寂寞而投身社会活动，不管这种恐惧被自觉意识到，还是仅仅看上去是一种隐隐约约的不安，它都不能改变现状。麻醉自己以摆脱焦虑的另一种方式是沉迷于工作，这种状况可以从工作的强迫性特点，以及在星期天和假期表现得局促不安判断出来。同样的目的也可以通过对睡眠的过度需要来达到，尽管通常情况下我们难以从过量的睡眠中获得太多的精神活力。最后，性行为可以作为缓释焦虑的"安全阀"。人们早就知道，焦虑可以引起难以自拔的手淫行为，但没想到的是，它也适用于其他所有的性行为。对于那些把性行为作为缓解焦虑的主要手段的人来说，如果他们没有机会得到性满足，哪怕是片刻没有满足，也会变得极其不耐烦和暴躁。

逃避焦虑的第四种方式是最彻底的，它包括避免所有可能引起焦虑的情境、想法或者感觉。这可能是个有意识的过程，就像对潜水或者登山心怀恐惧的人避免去做这些事情一样。说得更确切一些，就是一个人可以意识到焦虑的存在，并且有意识地去避免它。然而，也有可能他只是模模糊糊地意识到或者根本没有意识到自己身上存在焦虑，并且模模糊糊地或者根本不是有意识地做出回避行为。比如，他可能会在不自觉的情况下拖延做一些与焦虑相关的事情，像做决定、看医生，或者写信。或者他可以"假装"，即主观上以为他深思熟虑的一些活动，比如参加讨论、对员工发号施令、与别人断绝关系，是无关紧要的。或者他可以"假装"不喜欢做某事，并因此置之不理。这样的话，一个害怕在聚会中受到忽视的女孩，会通过让自己相信她不喜欢社交活动，干脆避免参加聚会。

如果我们进一步深入到逃避倾向自动发挥作用的地方，就会发现抑制状态。抑制状态指的是没有能力去做、去感受或者去思考某些事情，它的作用是避免由于试图去做、去感受或者去思考这些事情时可能引发的焦虑。此时，意识中没有焦虑存在，也没有通过有意识的努力去克服抑制状态的能力。抑制状态往往以最奇特的形式存在于歇斯底里型或癔症功能丧失（癔症型失明、失语或肢体瘫痪）中。在性行为方面，性冷淡和阳痿是这种抑制状态的代表，尽管这些性抑制状态的结构可能非常复杂。在精神领域，不能集中注意力，难以形成或表达见解，不好与人接触，都是尽人皆知的抑制现象。

为了让读者获得关于抑制状态的形态和发生频次的全面印象，浪费几页纸专门列举各种各样的抑制现象是非常值得的。但我想不妨把它留给读者，让大家回顾一下自己的观察所得，因为抑制状态在今天是一个众所周知的现象了，如果它们发展充分的话，很容易辨别出来。尽管如此，为了便于认识抑制状态的存在，有必要稍微侧重考查一下其先决条件。否则，我们就会低估抑制作用的发生频次，因为通常情况下我们并不知道我们到底拥有多少抑制。

首先，为了了解我们是否有做某件事情的能力，我们必须弄清楚要做某件事情的愿望。比如说，在意识到我们在某方面有抑制之前，我们必先知道有做某方面事情的野心。也许有人会提出这样的问题，难道我们不是总能知道我们想要做什么吗？显然不是。例如，让我们设想有这么一个人，他正在听一个讲话，并对它有着批评的想法。然而轻微的抑制作用将导致他不敢发表批评意见，较强的抑制作用将妨碍他组织自己的思想，结果是只有在讨论结束以后，或者第二天早上，他才形成自己的意见或思想。但是，抑制状态可能发展到根本不允许提出批评思想的地步，在这种情况下，即使实际上他感觉有提出批评的必要，他也会倾向于盲目接受别人所说的内容，甚至还会对其表示赞赏。他完全意识不到自己有任何抑制倾向。也就是说，如果一种抑制发展到阻滞愿望或冲动的地步，我们就不会意识到它的存在。

妨碍意识到抑制作用的第二个因素，产生于当一种抑制状态对于一个人的生活能够发生重要作用，以至于让他认定这是不可改变的事实的时候。例如，如果一个人只要从事某种与竞争有几分相关的工作，就会产生强烈的焦虑，致使每次努力做完工作之后都会感到极度疲倦，那么他可能认为自己能力不强，难以胜任任何工作。这种信念会保护他免受焦虑之苦，但是如果他承认自己存在一种抑制状态，他就不得不重新回去工作，从而将自己暴露在可怕的焦虑之中。

第三种可能性会把我们带回到文化因素方面。如果一个人的抑制状态与文化认可的抑制形式或现行的意识形态相一致，他将始终不可能意识到这些抑制。一个在接近女性方面患有严重抑制倾向的病人，意识不到自己受到了抑制，因为他是根据女性神圣这一公认的观念来看待自己的行为的。不敢有所要求的抑制状态，多半建立在谦逊是一种美德的信条之上。如果对于政治、宗教或者任何与利益相关的特殊领域居于主导地位的信念，存在进行批判性思考的抑制，那么我们可能完全意识不到关于受到惩罚、批评或者被孤立的焦虑的存在。但是为了正确地判断这些情形，我们当然必须极其详细地搞清楚各种个体因素。批评性思维的缺乏并不一定意味着抑制作用的存在，也有可能是由于一般的思想懒散、愚昧，或者其观点与占主导地位的信念确实完全一致。

这三个因素中的任何一个都能够使我们无法辨别实际存在的抑制状态，甚至连经验丰富的精神分析学家也难以将它们识别出来。即使我们能够将它们全部辨别，我们对于抑制作用发生频次的估计可能仍然过低。我们不得不将所有的那些反应都考虑在内，尽管它们还没有完全形成抑制状态，但都在朝着终点向前发展。在我们的意识当中，虽然我们仍然能够做一些事情，但是与这些事情相关的焦虑对于我们的行动本身施加着某种影响。

首先，从事一项令人感到焦虑的活动，会产生紧张、厌倦或者筋疲力尽的感觉。比如，我的一个病人，她正在从害怕在大街上行走的恐惧症中恢复过来，但即便如此，她仍然对此怀有相当程度的焦虑，当她星期天出去散步的时候，就会感到极度疲惫。这种疲惫不是由于体质虚弱，这从她能够毫不疲倦地从事繁重的家务劳动这一事实可以看出，而是害怕户外行走的焦虑导致了这种疲惫。虽然这种焦虑已经减轻到让她可以到户外行走，但是仍然发挥着作用，以致让她感到疲惫不堪。我们通常把许多身体问题归咎于过度劳作，实际上并不是由工作本身引起的，而是由与工作有关的焦虑，或者与同事关系有关的焦虑引起的。

其次，与某种活动相关的焦虑，会对该活动的实施产生损害。比如，如果有与发号施令相关的焦虑，其命令就会以歉疚、无效的方式发布出来。与骑马有关的焦虑会导致个体没有驾驭这种动物的能力。人们对焦虑的感知程度是各不相同的。有的人可能感觉到焦虑让他无法以令人满意的方式完成任务，或者他可能只是觉得没有能力做好任何事情。

再次，与某项活动有关的焦虑，会破坏掉它本应获得的愉悦感。轻微焦虑不是这样，相反可能还会产生额外的趣味。带着一点儿担忧坐过山车，可能会更加刺激，然而带着强烈的焦虑坐过山车，则会使这项活动成为一种折磨。与两性关系有关的强烈焦虑，会让两性关系完全索然无味，然而如果一个人觉察不出任何焦虑，他就会觉得两性关系毫无意义。

最后这一点可能令人费解，因为我在前面提到过，厌恶感可以被用来作为避免焦虑的手段，现在我又说厌恶感可能是焦虑的后果。实际上，这两种说法都是正确的。厌恶感既可以是避免焦虑的手段，也可以是焦虑产生的后果。

这不过是一个小小的例子，说明理解心理现象是多么困难。它们错综复杂，相互纠缠，除非我们下定决心考察它们之间数不清的、交织在一起的相互作用，否则我们在心理学认知上不会取得进步。

讨论我们该如何保护自己不受焦虑的困扰，目的不是对所有的可能性防御机制给以面面俱到的详尽揭示。事实上，我们很快就会了解到更多彻底有效的预防焦虑产生的方法。我现在主要关注的是证明这个观点，即一个人实际拥有的焦虑比他意识到的更多，或者一个人可能拥有他根本没有意识到的焦虑；同时，也展现一些从中可能发现焦虑的常见的观察点。

因而，简单来说，焦虑可能隐藏在诸如心跳过速和疲倦感等身体不适的感觉背后，可能被一些看似合理或者理由正当的恐惧所遮蔽。它可能是驱使我们借酒浇愁或者让我们沉迷于各种各样分散注意力的活动的潜在动力。我们会经常发现，它是人们无能为力做某事或者享受某些事情的原因；我们还会发现，它是隐藏在抑制状态背后的动力因素。

我们的文化让生活在其中的个人产生了大量的焦虑，原因我们将在后面讨论。因此，差不多每个人都建立起了我曾经提到的这样或那样的防御机制。一个人越是神经质,他的人格越是被这些防御机制所渗透和决定,他不能做或者不能决定去做的事情就越多,尽管根据他的生命活力、精神智力或教育背景,我们有着十分正当的理由期待他去做那些事情。总之,神经症越严重,抑制倾向就出现得越频繁,而且越不易察觉和容易走向极端。[①]

[①] H. 舒尔茨-亨克在《精神分析入门》一书中特别强调Luecken(裂隙)的至关重要性,Luecken指的是我们在日常生活与神经症人格之间发现的差距或鸿沟。

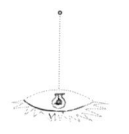

第四章

焦虑与敌意

在讨论恐惧与焦虑的区别时,我们得出的第一个结论是,焦虑本质上是一种涉及主观因素的恐惧。那么,这种主观因素的特点是什么呢?

首先,让我们描述一下一个人在焦虑时的体验。此时他会感到一种强大的、无法逃避的危险,而面对这种危险,他自己是完全无能为力的。无论焦虑的表现形式是什么——臆想得了癌症的恐惧、对于雷暴天气的恐惧、站在高处产生的恐惧等任何类似的恐惧,压倒一切的危险感以及难以抵抗危险的感觉都始终存在。有时候,令他感到无法抵御的危险力量似乎来自外界,诸如雷暴、癌症、意外事故等；有时候，他感到对自己产生威胁的危险来自他自己无法控制的冲动，诸如害怕自己忍不住从高处跳下，或者拿刀子伤人；有时候，这种危险的感觉模模糊糊，难以名状，就像通常焦虑发作时感觉到的那样。

然而，这些感觉本身并不是焦虑独有的特征，它们也会出现在任何涉及事实上的巨大危险以及对这种危险无能为力的任何情况下。可以想象，处于地震中的人们，或者暴露在残酷环境中的一个不足两岁的婴儿，他们的主观体验与一个对雷暴感到焦虑的人的主观体验没有什么不同之处。在恐惧的情况下，危险感存在于现实之中，无能为力感也决定于现实；而在焦虑的情况下，危险的感觉却是由于心理因素而产生或放大，无能为力感也取决于个人自己的心态。

因而，关于焦虑中的主观因素的问题就可以还原为更加明确具体的问题：是什么样的心理环境导致产生了一种迫在眉睫的巨大的危险感以及一种面对危险时的无能为力的感受？这是心理学家们无论如何都必须提出的问题。当然，身体内的化学环境也可以产生这种感觉，就像能够导致兴奋或睡眠一样，但它们根本上不是一个心理学问题。

在解决关于焦虑这个问题时，像通常解决其他问题时一样，弗洛伊德也为我们指明了方向。通过他的至关重要的发现，他得出结论：焦虑的主观因素在于我们自身的本能内驱力。换句话说，焦虑所能产生的危险，以及对这种危险的无能为力感，都是由我们自身冲动的爆发力召唤出来的。在这一章的最后，我将更详尽地讨论弗洛伊德的这一观点，同时也将说明我的结论与弗洛伊德的结论有着什么样的不同。

应该说，任何冲动都有激发焦虑的潜在能力，只要它的出场意味着对其他重大利益或需求的侵犯，以及只要冲动极其紧迫或者高涨。在有着明确而又严厉的性禁忌时期，像维多利亚时代，屈服于性冲动常常会招致实际的危险。例如，一个未婚女子将不得不面对良心拷问或者社会羞辱的现实危险；而那些屈服于自慰冲动的人，也将面临现实危险，以至遭到被阉割的威胁，或者收到对身体造成致命伤害、患上精神疾病的警告。今天，它同样适用于某些反常的性冲动，比如暴露癖。然而，在我们这个时代，只要涉及的是"正常"的性冲动，我们的态度就会变得十分宽容，坦然地承认它们，或者将它们付诸实施，都不会招致太多的严重危险，因此在这方面也较少有担忧的实际理由。

很可能这种与性有关的文化态度的变化，很大程度上导致了下面这一事实：根据我的经验，性冲动就其本身而言，只有在特殊情况下才会成为焦虑的潜伏动力。这种说法听起来有些夸大其词，因为毫无疑问的是，从表面上看焦虑似乎确实与性欲相关。神经症患者通常会被发现存在着与性关系相关的焦虑，或者在这方面由于焦虑而产生了抑制。不过，进一步的分析表明，焦虑的根源通常并不是性冲动本身，而在于与之相伴随的敌意冲动，例如通过性行为来伤害或者侮辱对方的冲动。

事实上，正是各种各样的敌意冲动构成了神经症焦虑赖以产生的主要来源。我担心这种新的表述听起来又像是从具体案例中分析得出的似是而非的概括。尽管从中人们可以发现敌意和它所促发的焦虑之间的直接联系，但是这些案例并不是支持我的表述仅有的依据。众所周知，强烈的敌意冲动可以成为焦虑的直接动因，如果它的发展意味着将要打败自己的目标对象的话。举一个例子就可以说明类似这样的情况。F先生和他挚爱的玛丽小姐一起爬山，作一次徒步旅行，然而不知什么原因激起了他的嫉妒心，他感到自己对她产生了强烈的愤恨。当和她走在险峻的山路上时，他突然产生了十分严重的焦虑，并伴随着急促的呼吸和心跳，因为他有一种想要把女孩推下悬崖的冲动。类似这种焦虑的结构与从性欲产生的焦虑的结构是相同的：都有一种强大的冲动，如果屈服于它，将会给自己带来灾难。

然而，对很大一部分人来说，敌意和神经症焦虑之间的直接因果关系并没有那么明显。因此，为了说明在我们这个时代的神经症中，敌意冲动是激发焦虑的主要心理力量，现在有必要详细考察一下压抑敌意所导致的心理后果。

压抑一种敌意，意味着"假装"一切都是正常的，从而当我们应该去与之斗争，或者至少当我们希望去与之斗争的时候，克制住不去与之斗争。因此，这种压抑带来的第一个不可避免的后果是，它产生了一种未设防的感觉，或者更确切地说，它强化了原本就有的未设防的感觉。如果敌意受到压制，当一个人的利益真正受到侵犯的时候，就容易被其他人占便宜。

化学家C的经历就代表了日常生活中常见的这种情况。由于工作过度的缘故，C患上了被称为神经衰弱的疾病。他有着非凡的天赋，雄心勃勃，然而他自己却没有意识到这一点。我们先撇开种种原因不谈，他压制了自己的野心，因而显得谦和。当他进入一家大型化学公司的实验室工作的时候，另一个比他稍微年长、职位略高的同事G，对他关爱有加，并表现出各种友好。由于一系列个人因素，比如友情上对别人信赖，怯于对别人作批判性观察，未能认识到自己的野心进而看不出别人的野心，因此C欣然接受了友好的表示，却没有注意到G实际上除了他自己的事业之外对其他并不关心。有一次，G汇报了一个可能会产生一项发明的设想，但实际上这是C的主意，之前曾经在一次友好交谈中把它透露给了G。这让C感到惊讶，但他并没有在意。有那么一刹那，C产生了怀疑，但由于他自己的野心事实上在他身上激起了极大的敌意，他不仅立即压抑了这种敌意，而且连同由此产生的批评和不信任，也压抑了下去。于是他仍然坚信G是他最好的朋友，以至当G劝阻他不要继续某一方面的工作的时候，他轻信了这个建议。当G创造了本来C能够做出的发明时，C只是觉得G的天分和才智远远胜过自己，他为拥有如此优秀的朋友而感到高兴。这样，由于压制了自己的不信任和愤怒，C没有意识到在一些极其重要的问题上G是他的敌人，而不是他的朋友。由于他坚持着自己被别人喜欢的幻觉，C放弃了为自己的利益而斗争的准备。甚至他没有意识到自己的切身利益受到了侵犯，因而也就不能争取，反而听任他人利用自己的弱点获得好处。

以压抑方式战胜的恐惧，也可以通过有意识地控制敌意来克服。但是，一个人控制或者压制敌意并不像做出选择那么简单，因为抑制是一种类似本能反应的过程。只有在特定的条件下，个体意识到不能再忍受所怀有的敌意时，抑制才会发生。当然在这种情形下，自觉地去控制是不可能的。意识到敌意可能难以忍受的主要原因是：当一个人敌视某人的同时，可能又爱他或者需要他；他可能不想知道激起敌意的原因，比如嫉妒或者占有欲；或者可能害怕承认自己对任何人都怀有敌意。在这种情况下，压制是获得暂时慰藉的最简便、最快捷的方式。通过抑制作用，令人感到可怕的敌意从意识中消失了，或者将敌意阻挡在意识之外。我愿意换一种说法重复这句话，尽管它很简单，却是精神分析中极少被理解的表述之一：如果敌意受到压制，这个人就丝毫也意识不到自己怀有敌意。

然而，从长远来看，这种获得慰藉的最快速的方式并不一定是最安全的方式。通过抑制过程，敌意——或者为了指出它的动态特征，我们在这里不妨使用"愤怒"这个词——从自觉意识中移除了，但它并没有被消灭。它从个体人格的正常结构中分裂出来，因而失去了控制，作为一种具有高度爆破性和突发性的情感，在体内旋转，伺机向外宣泄。由于与人格其他部分相隔绝，它被想象得更大，且拥有令人吃惊的势力范围，所以被压制的情感的爆发力更为强大。

如果一个人意识到敌意的存在，敌意的扩张会在三个方面受到限制。首先，基于特定条件下的周围环境，他会考虑针对敌人或者所谓的敌人他能做什么和不能做什么。其次，如果愤怒的对象是他在其他方面仰慕、喜欢或者需要的人，愤怒迟早会被他的全部情感所吞没。最后，由于一个人已经形成了特定的意识，知道什么适合做或者不适合做，这也会限制他的敌意冲动。

如果愤怒受到压抑，那么通往这些限制的可能性就会被切断，结果就是敌意冲动从内向外突破限制，尽管这只是在想象中发生。我在前面提到的那位化学家，如果屈从自己的冲动，他就会想要告诉别人G是怎样滥用了他们的友谊，或者向他的上司暗示G窃取了自己的想法并阻止自己继续从事这方面的研究。但是由于他的愤怒被压抑，愤怒也就分化和扩散了，很可能会在他的梦中显示。在梦中，他会以某种象征性方式杀人，或者成为一个受人敬仰的天才，而其他人则可耻地一败涂地。

正是由于这种分化，压制的敌意通常会随着时间的推移经由外部途径逐渐强化。例如，如果一个高级职员因为上司没有跟他商量就做出了工作安排，他对上司产生了愤怒，如果这个职员压抑了自己的愤怒，整个过程中没有表示抗议，上司必然会继续不经他同意而行事，新的愤怒就会持续不断地产生。①

压抑敌意的另一个后果是，这个人会在内心寄存超出控制的高强度爆破性的情感。在讨论这种后果之前，我们必须考虑一个由此提出的问题。按照字面意义，压抑情感或冲动的结果是个人不再意识到它的存在，因此在他的意识中，他并不清楚自己对另一个人有任何敌意。既然如此，我们怎么能说他在内心"寄存"了被压抑的情感呢？答案就在于，在意识和无意识之间没有严格的非此即彼的划分，而是正如H.S.苏利文在一次演讲中指出的那样，意识有几个层次。不仅被压抑的冲动仍然发挥作用——弗洛伊德的基本发现之一，而且在意识的更深层次，个人甚至知晓它的存在。用尽可能简洁的话说，我们根本不能欺骗自己，

---

① 昆克尔（Kuenkel）在《性格学引论》中已经注意到这个事实，神经症的态度会引起一种环境反应，这种态度自身又因此而得到强化，其结果是这个人越陷越深，在逃避过程中遇到越来越大的困难。昆克尔称这种现象为"恶性循环"。

事实上我们对自己的观察要比我们自己意识到的更好，就像我们观察别人往往比我们自己意识到的更好一样。比如，我们从一个人那里得到的第一印象往往十分准确。不过，我们可能有正当的理由不去注意我们的观察。为了避免反反复复的解释，我将使用"记录"这个词，意思是我们知道我们内心正在发生的事，然而却没有意识到这一点。

只要敌意及其对相关利益具有的潜在危险足够大，抑制敌意的后果本身就足以导致焦虑。说不清楚的焦虑状态可能就是这样建立起来的。然而，更多的时候这一过程并不会到此为止，因为我们内心有摆脱威胁个人利益和安全的危险的迫切要求。随之而来的是第二种类似连锁反应的过程：将敌意冲动"投射"到外部世界。第一种"伪装"，即敌意抑制，需要第二种伪装做补充：他"假装"这种破坏性的冲动来自外界的某人或者某事，而不是他自己。从逻辑上讲，一个人的敌意冲动投射的对象，正是敌意冲动所针对的人。结果就是，所针对的人被赋予了投射者脑海中可怕的成分。这些成分部分是由于投射者拥有了被压抑的冲动所具有的同样无情的性质，还有一部分是由于任何危险的显示程度不仅取决于现实环境，还取决于一个人对待现实环境的态度。一个人越是缺乏防备，出现危险的程度就越大。①

投射还可以作为辅助功能，用于自我辩解。不是我存心要欺骗、盗窃、剥削，以及侮辱别人，而是别人想要这么对待我。一个妻子意识不到她自己想要毁掉丈夫的冲动，主观上却坚信她是最忠诚于丈夫的女人，但是由于这种投射作用，她可能认为她的丈夫是一个想要伤害她的畜生。

投射过程可能会得到另一种能够达到同样目的的心理过程的支持：对报复产生的恐惧会操纵被压抑的冲动。在这种情况下，一个想要伤害、欺骗、不忠于别人的人，也会害怕别人同样如此对待自己。报复性恐惧究竟在多大程度上是人性中根深蒂固的普遍特性，在多大程度上来源于罪恶和惩罚的原始体验，在多大程度上预示着个人复仇的动机，我把它留作一个需要讨论的问题。毫无疑问的是，报复性恐惧在神经症患者心中扮演着非常重要的角色。

这些被压抑的敌意所引起的心理作用，导致了焦虑情绪。事实上，压抑产生的心理状态恰恰是典型的焦虑特征：

---

① E.弗洛姆在《权威与家庭》中（该书由国际社会研究所的马克思·霍克海姆编辑）曾明确表示，我们对一种危险的反应所产生的焦虑，并不机械地决定于危险的实际大小。"已经形成了无能为力和被动态度的人对于相对较小的危险会做出焦虑反应。"

这是一种面对来自外界的危险所带来的强大威胁而产生的缺乏防御能力的感觉。

尽管焦虑形成的步骤总体上说比较简单，但在实际过程中要弄清楚焦虑的产生往往十分困难。其中一个复杂的因素是，受到压抑的敌意冲动往往不是投射到实际相关的人身上，而是投射在其他方面。弗洛伊德举过一个病例，小汉斯没有形成针对父母的焦虑，而是形成了对于白马的焦虑。[1]我的一位在其他方面十分敏感的病人，在抑制了对她丈夫的敌意之后，突然产生了对铺砖游泳池里的爬虫的焦虑。从细菌到雷暴，似乎没有什么东西遥远到不能附着焦虑。把焦虑从与之相关的人身上分离出来的倾向，其原因很明显。如果这种焦虑实际上涉及父母、丈夫、朋友或者某个与自己有着类似亲密关系的人，那么这种假定的敌意就会让人感到与现存的关系——比如对于权威、爱情、赞赏的态度，不相容。在这些情况下，最好的办法就是对敌意一概否认。通过压抑自己的敌意，就否认了自己身上存在敌意，而通过将压抑的敌意投射到雷暴上面，他也就否认了别人身上存在敌意。许多对于幸福婚姻的错觉都是

---

[1] 《西格蒙德·弗洛伊德文集》，第三卷。

建立在这种鸵鸟政策上面。

对敌意的压制会以不可阻挡的趋势导致焦虑的产生，但并不意味着每当这个过程发生时焦虑就一定会显示出来。焦虑可能会通过我们已经讨论过或者稍后即将讨论的其中一种保护措施，立即被转移。在这种情况下，一个人可以通过这样一些措施来保护自己，比如逐步增加对睡眠的需求或者嗜酒。

从压抑敌意的过程中，可以产生数不胜数的各种各样的焦虑。为了更好地理解其导致的结果，我将按以下示意列出不同的可能性。

A. 感觉危险来自一个人的内在冲动。

B. 感觉危险来自外界。

从结果来看，A组好像是压抑敌意的直接结果，而B组则是由于投射产生的。A组和B组都可以再分成两个子组。

1. 感觉危险是指向自己的。

2. 感觉危险是指向他人的。

如此一来，我们就会得到四类主要的焦虑：

A1. 感觉危险来自一个人的内在冲动，并且指向自己。在这种类型中，针对自己的敌意反而在其次，这个过程我们将在后面讨论。

例如：害怕忍不住从高处跳下来。

A2.感觉危险来自一个人的内在冲动，并且指向他人。

例如：害怕忍不住拿刀伤人。

B1.感觉危险来自外界，并且指向自己。

例如：害怕雷暴天气。

B2.感觉危险来自外界，并且指向他人。在这种类型中，敌意投射到外部世界，而敌意原来针对的对象仍然存在。

例如：过分担心孩子的母亲，对于威胁孩子的危险所产生的焦虑。

不用说，这种分类的价值是有局限的。它对于提供快速的判断可能有用，但是它不能显示出一切可能的意外情况。比如，我们不能就此推断，形成A型焦虑的人从不会将他们压抑的敌意投射出去，而只能推断，在这种特殊形式的焦虑中，投射作用并不存在。

敌意与焦虑之间的关系，并不止于敌意能够产生焦虑。这一过程也可以反过来进行：当焦虑基于一种受到威胁的感觉时，它反过来很容易引起自卫过程中的反应性敌意。在这方面，它与恐惧没有任何不同，恐惧同样也可以引发攻击性。反应性敌意如果受到压抑，也能产生焦虑，这样就形成了一个循环。敌意与焦虑之间的相互作用关系，总是一方激发并强化另一方，于是我们能够理解，为什么我们在神经症中发现了如此大量的持续不断的敌意。[1]这种交互影响也是为什么严重的神经症常常没有任何明显的外部不良条件，却能变得更加糟糕的基本原因。焦虑或者敌意谁是主要因素并不重要，对于神经症动力学来说，最重要的一点是，焦虑和敌意不可分割地交织在一起。

总之，我所提出的焦虑的概念，基本上是根据精神分析的方法发展而来的。它与无意识驱力、压抑作用、投射等诸如此类的动力一起运作。不过，如果我们更详尽地加以研究就会发现，它在若干方面不同于弗洛伊德持有的立场。

弗洛伊德先后提出了两种关于焦虑的观点。第一种，简而言之，他认为焦虑是冲动受到压抑的结果。这里仅仅指涉性冲动，纯粹是一种生理学上的解释，因为它基于这样的信念：如果性能量受到阻止不能释放，它将在身体中产生生理紧张，并转化为焦虑。根据他的第二种观点，焦

---

[1] 当我们意识到敌意经由焦虑而得到强化的时候，似乎没有必要再去为破坏性驱动力寻找一个特殊的生物学来源，就像弗洛伊德在他关于死亡本能的理论中所做的那样。

虑或者他所谓的神经症焦虑，是对一些冲动的恐惧造成的，发现或放任这些冲动将会招致外来危险。[1]第二种解释属于心理学范畴，不仅指涉性冲动，而且也指涉攻击性。在对焦虑的这一解释中，弗洛伊德根本没有谈及冲动的压抑或者不压抑，而只是涉及那些冲动的恐惧，因为对那些冲动的放任将会招致外来危险。

我的焦虑概念基于这样一种考虑，即为了理解焦虑的整体状况，必须综合运用弗洛伊德的这两种观点。这样就让我把第一种观点从纯粹的生理学基础上解放出来，将它与第二个观点相结合。一般来说，焦虑与其说来源于我们对冲动的恐惧，不如说来源于我们对被压抑的冲动的恐惧。在我看来，弗洛伊德未能很好地利用他的第一个观点的原因在于，尽管它建立在精妙的心理学观察之上，但他给出了一个生理学的解释，却没有提出这个心理学问题，即如果一个人压抑了一种冲动，他的心中会产生什么样的心理结果。

我对弗洛伊德的第二点不同意见，理论上不是很重要，但在实践中却很重要。我完全赞同他的观点，即焦虑可以

---

[1] 弗洛伊德：《演讲新引论》中《焦虑与本能生活》一章，第120页。

由任何一种冲动导致，只要放任这些冲动会招致外来危险。性冲动当然属于这一类，但是只有个人和社会设置了严厉的禁忌，才会使其变得危险。①从这一点来看，由性冲动导致的焦虑的发生频率，很大程度上取决于现有的文化对性行为的态度。我并不觉得性行为是焦虑的一个特殊来源。但我的确相信，在敌意中，或者更确切地说，在受到压抑的敌意冲动中存在着这样的一个特殊来源。将我在这一章中所陈述的理念用简单实用的话概括一下就是：每当我发现焦虑或者焦虑的迹象时，我的脑海中就会浮现出这样的问题，是哪个敏感部位受到了伤害而因此引发了敌意，以及是什么使得压抑敌意成为必要？根据我的经验，在这些方面进行探询，往往会对焦虑获得令人满意的理解。

我与弗洛伊德的第三点分歧是，他假定焦虑只在童年时期产生，从所谓的出生焦虑，继而到阉割恐惧，再到以后生活中发生的焦虑，都源于婴儿时期的反应。"毫无疑问，那些我们称之为神经症的病人，他们对待危险的态度仍然停留在婴儿状态，还没有成熟到摆脱过去的焦虑状

---

① 或许在类似塞缪尔·巴特勒的小说《乌有之乡》里描述的社会中，任何一种身体疾病都会受到严厉的惩罚，因此对罹患疾病的恐惧就会导致不正当的焦虑。

态。"①

让我们分别考察一下这一解释所包含的各个要素。弗洛伊德断言,在童年时代我们特别容易产生焦虑反应。这是一个无可辩驳的事实,这里有充分的和容易理解的理由,其中之一在于儿童对于不利影响相对来说无能为力。确实,在性格神经症中,人们总是发现焦虑的形成开始于早期的童年时代,或者至少我所说的基本焦虑其基础是在那一时期埋下的。然而,除此之外,弗洛伊德还认为,成年神经症患者身上的焦虑仍然与最初引发焦虑的条件密切相关。这意味着,比如说,一个成年男子仍然会像小时候一样为阉割恐惧所困扰,尽管只是形式有所不同。确实,在一些罕见病例中婴幼儿的焦虑反应可能会在以后的生活中,因接受了相应的刺激,再以不变的形式重现。②但是通常来说,我们发现的问题并不是重演,而是发展。在一些案例中,分析能让我们对于神经症的发展过程获得相当完整的理解,

---

① 弗洛伊德:《演讲新引论》中《焦虑和本能生活》一章,第123页。
② J.H. 舒尔茨在《神经症、生命需要和医生责任》一书中记载了一个这样的病例:一名职员经常更换工作,因为某些雇主在他心中引起了愤怒和焦虑。精神分析表明,只有那些留着某种胡子的上司才会让他发怒。这位病人的反应被证明是三岁那年对他父亲的反应的精确重复,那时后者曾以恐吓的方式伤害过他的母亲。

从中我们可以发现，从早期焦虑到成年后的怪癖，有一条从无间断的反应链条。因此，除了其他因素，焦虑还包含着童年时期就存在的与特殊冲突相关的因素。但是，焦虑总的来说不是一种童年时期的幼稚反应。如果这样认为的话，将会把两种完全不同的事情混淆，即把仅仅是童年时期产生的态度错误地当作幼稚的态度。如果有正当的理由把焦虑称为幼稚的反应，那么我们也有同样正当的理由将其说成是婴儿身上早熟的成人态度。

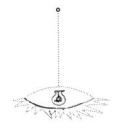

第五章

神经症的基本结构

焦虑可以通过实际的冲突情境得到完全解释。但是如果我们在性格神经症中发现了一种产生焦虑的情境，则必须考虑之前就已存在的焦虑，以便说明为什么在那个特定的时刻，敌意会产生并且受到压抑。于是我们将会发现，这种之前就已存在的焦虑反而是之前就已存在的敌意导致的结果，以此类推，循环往复。为了理解整个发展过程最初是如何开始的，我们不得不追溯到童年时代。[①]

---

① 在这里我不想涉及这个问题，即为了治疗，有必要向童年时代追溯多远。

这是我讨论童年经验问题不多的几个机会之一。与精神分析文献通常的情况相比，我很少涉及童年时代，原因不是我认为童年经验不如其他精神分析作家讲的那么重要，而是因为在这本书中，我研究的是神经症人格的实际结构，而不是导致神经症的个人经验。

在考察了大量神经症患者的童年历史之后，我发现，他们的共同特点是处于这样的一种环境，这种环境以各种组合方式显示出如下特征。

这种环境最基本的问题是往往缺乏真正的温暖和关爱。只要内心里感到被人需要和被人爱，儿童可以忍受很多通常被认为是创伤的事情，比如突然断奶、偶尔挨打、性的体验等。不用说，儿童能够敏锐地感受到这种爱是否真诚，不会被虚伪的表示所欺骗。孩子得不到足够的温暖和爱的主要原因，在于父母患有神经症而没有能力给予孩子所需要的温暖和爱。根据我的经验，通常情况下，父母声称他们一心想的都是孩子的最大利益，而缺乏温暖和爱的本质被掩盖了。教育学理论告诉我们，一位"理想"母亲的过分溺爱或自我牺牲态度，是造成这种环境氛围的主要因素，这种环境氛围比其他任何东西都容易为孩子未来巨大的不安全感奠定基础。

此外，我们发现，父母的许多行为或态度不能不引起孩子的敌意，比如偏爱其他孩子，不公正的责备，在过分溺爱和傲慢地拒绝之间变来变去，不兑现许诺，以及至关重要的，在对待孩子需求的态度上，从暂时不予考虑，到对孩子正当合理的愿望不断加以干涉。这种干涉涉及孩子的所有阶段，比如干扰他们的友谊，嘲笑他们的独立思考，破坏他们的兴趣爱好，无论是艺术、体育或者是机械上的。总而言之，尽管父母的态度不是有意的，实际上却在打击孩子的意志。

精神分析文献在讨论儿童敌意产生的因素时，主要的着重点放在儿童愿望受挫，特别是在性领域中的愿望受挫，以及儿童的嫉妒心理上。儿童敌意的产生可能部分源于对一般的快乐加以禁止的文化态度，特别是对儿童的性欲严厉禁止，不管后者是否涉及性好奇、手淫或者与其他孩子的性游戏。但挫折感绝不是叛逆性敌意的唯一来源。观察表明，毋庸置疑的是，儿童和成年人一样，可以在很大程度上接受被剥夺，只要他们觉得剥夺是正当的、公平的、必要的或者有意义的。例如，如果父母不过分施压，不以狡黠或粗鲁的残酷手段对他们进行强迫的话，一个孩子不会介意关于清洁卫生的教育。一个孩子也不会介意偶尔的惩罚，只要他感觉总体上自己是确定被爱着的，或者只要他觉得这惩罚是公平的，而不是有意要伤害或者侮辱自己。挫折本身是否能够激发敌意这个问题难以判断，因为在给孩子造成许多剥夺的环境中，通常还存在着大量的其他诱发因素。重要的是施加挫折的态度，而不是挫折本身。

我之所以指出这一点，是因为人们经常过分强调挫折本身的危险，使得很多父母比弗洛伊德自己更加深入地贯彻这一理念，他们不敢对子女加以任何干预，生怕子女可能因此受到伤害。

无论是孩子还是成人，嫉妒肯定是极其可怕的仇恨的来源。毫无疑问，同胞之间的嫉妒以及父母某一方的嫉妒，会在神经症儿童身上发挥很大作用，或者这种态度会对他们以后的生活带来持久影响。但我们还是要提出这样的问题：产生这种嫉妒的条件是什么？同胞之间的嫉妒[①]和在俄狄浦斯情结中观察到的嫉妒反应，是否一定会发生在每个孩子身上，或者它们只是由特定的条件激发？

弗洛伊德对于俄狄浦斯情结的观察结果是从神经症患

---

① 大卫·莱维：《同胞竞争实验中的敌意模式》，载《美国行为精神病学杂志》1936年第6期。

者身上得出的。他从中发现，父母任何一方的强烈嫉妒反应都具有极大的破坏性，足以引发孩子的恐惧，并可能对性格形成和个人关系施加持久的干扰影响。由于观察到这种现象经常出现在我们时代中的神经症患者身上，他便认为这种现象具有普遍性。他不仅认为俄狄浦斯情结正是神经症的症结所在，而且试图在此基础上去理解其他文化中的情结现象。①这种推而广之的泛化是值得怀疑的。在我们的文化中，在同胞之间以及父母和孩子的关系当中，一些嫉妒反应确实容易出现，因为它们发生在每一个紧密生活在一起的群体当中。然而没有证据表明，破坏性的和持续性的嫉妒反应——当我们讨论俄狄浦斯情结或者同胞竞争的时候，想到的就是这些——在我们的文化中像弗洛伊德认为的那样普遍，更不用说在其他文化中了。这些嫉妒反应总的来说属于人类反应，但是要经由孩子成长的文化氛围才能人为地产生出来。

究竟是哪种因素应该为嫉妒的产生负责，稍后当我们讨论神经症嫉妒的一般内涵时将会明白。在这里，只需要提及是缺乏温情和鼓励竞争会导致这种结果就足够了。除

---

① 弗洛伊德：《图腾与禁忌》。

此之外，那些制造了我们讨论过的这种氛围的神经症父母通常对他们自己的生活并不满意，由于缺乏令人满意的情感或性关系，因而很容易把孩子作为他们爱的对象。他们把对爱的需要转移到孩子身上。这种情感的表达并不总是带有性色彩，但是不管怎样都具有高度的情绪化特点。我非常怀疑，孩子与父母之间关系中的性潜流能够强大到足以造成潜在的心理干扰。我所知道的病例，无不是神经症父母通过恐吓和温柔方式迫使孩子陷入狂热的依恋，带有弗洛伊德所描述的占有欲和嫉妒心等全部情感内涵。①

我们通常相信，对于家庭或者家庭某些成员的敌意对抗，对于一个孩子的成长是不幸的。如果孩子不得不反抗神经症父母的行为，这的确不幸。但是，如果反抗有充分的理由，那么对于孩子性格形成的危险，与其说来自感受或者表达了一种抗议，不如说是来自对这种抗议的压抑。

---

① 这些言论是从一个普遍的观点引出的，不同于弗洛伊德的俄狄浦斯情结概念，其前提是它不是一个生物学给定的现象，而是受到文化的制约。由于这一观点已经被许多作者讨论过，如马利洛夫斯基、博姆、弗洛姆、赖西，我只提及在我们的文化中可能产生俄狄浦斯情结的因素：由于两性关系冲突而导致的婚姻不和谐；父母滥用权威力量；严禁孩子的所有性宣泄；希望让孩子保持幼稚天真，感情上依赖父母，否则就孤立他。

从对批评、抗议或者谴责的压抑中可以产生好几种危险，其中一种是孩子很可能会把所有的谴责都加在自己身上，并因而感到自己不配被爱。我们将在后面讨论这种情况的内涵。在这里，我们担心的危险是，受到压抑的敌意可能产生焦虑，并开始我们讨论过的事态发展。

为什么在这种环境氛围中成长的孩子会压抑自己的敌意呢？这里有好几个原因，它们以不同程度和组合发挥作用，如无能为力感、恐惧、爱或者犯罪感等。

儿童的无能为力感常常被认为仅仅是一个生物学事实。尽管儿童为了满足其需求事实上在很长一段时间内有赖于他所处的环境——因为他们的体力和经验都不如成年人——但是这个问题的生物学方面过多地被强调了。在两岁或三岁以后，孩子会发生一个显著的变化，即从一般性的生物依赖，转向一种包括思想、智力、精神生活在内的依赖。这种情况将一直持续到儿童成熟至青春期，他们能够生活独立时为止。可是，孩子对父母继续依赖的程度有着很大的个体差异。这完全取决于父母在教育子女的过程中所希望达到的目标：这种目标倾向是让孩子变得强壮、勇敢、独立，能够应付各种情况，还是倾向庇护孩子，让他顺从，令其对现实生活一无所知，或者简单说，像婴儿一样抚养他一直到二十岁或者更久。在不良的环境条件下成长的孩子，其无能为力感常常通过恐吓、溺爱，或者使他处于情感依赖阶段，而被人为地强化了。一个孩子越是被搞得无能为力，就越是不敢去感受或者表现出反抗，这种反抗心理就会被拖延得更久。在这种情况下，儿童心中潜在的感受或者可以称之为信念的是：我必须压抑我对你的敌意，因为我需要你。

恐惧可以由威胁、禁令和惩罚，以及通过孩子亲眼看见的大发脾气或者暴力场景直接引发；恐惧也可以由间接的威胁引发，比如让孩子印象深刻的生活中的种种危险——细菌、街上的车辆、陌生人、野孩子、爬树，等等。孩子越是被搞得忧心忡忡，就越是不敢表现出敌意，甚至不敢感受敌意。此时孩子的信念是：我必须压抑我对你的敌意，因为我害怕你。

爱可以成为压抑敌意的另一个原因。当父母对子女真正的爱缺席时，常常有一大堆说辞，强调父母是多么地爱孩子，他们愿意为孩子做出牺牲，直至流尽最后一滴血。一个孩子，尤其是在其他方面受到威胁的孩子，可能会紧紧抓住这种爱的替代品，不敢去反抗，唯恐会失去做一个听话的孩子所得到的奖赏。在这种情况下，孩子的信念是：

我必须压抑敌意，因为我害怕失去爱。

到此为止，我们已经讨论了孩子压抑自己对父母的敌意的种种情况，这是因为他害怕任何敌意的表示都会破坏他与父母之间的关系。他被显而易见的恐惧所驱使，生怕这些强大的巨人将他抛弃，生怕他们收回使人感到安慰的仁慈，或者生怕他们转而敌对他。

此外，在我们的文化中，孩子常常被教育得对于任何敌意或者敌对的感受及其表达而感到歉疚。也就是说，他被教育成了这样，如果他表达了或者感觉到了对于父母的怨恨，或者如果他破坏了由他们建立的规则，他会在自己眼中感觉自己毫无价值，或者是卑鄙无耻的。产生负罪感的这两个原因是紧紧密切相连的。一个孩子越是被教育得因为越过禁区而自感罪孽深重，他就越是不敢对父母怀恨在心或者横加指责。

在我们的文化中，性领域就是一个负罪感最频发的禁区。不管禁令是通过心知肚明的沉默表达出来，或者通过公开的威胁和惩罚表达出来，孩子经常会感到：不仅性好奇和性活动是被禁止的，而且一旦沉溺其中，他就是肮脏的、无耻的。如果孩子心中有涉及父亲或者母亲的任何性幻想和性愿望，尽管由于一般的性禁忌而没有表现出来，也仍然可以让一个孩子感到罪孽深重。在这种情形下，孩子的信念是：我必须压抑敌意，因为如果我怀有敌意，我就是一个坏孩子。

在各种不同的组合中，上述任何因素都可以让孩子压抑他的敌意，并最终导致焦虑。

可是，每一种童年焦虑都最终必然会导致神经症吗？我们的认知还没有进步到恰当地回答这一问题的地步。我的观点是，童年焦虑是神经症形成的必要条件，但不是充分条件。好像那些有利的条件，比如及早改变环境或者以各种形式抵消不利影响，可以预防特定的神经症的形成。然而，正如经常发生的那样，如果这种生活条件不能减少焦虑，那么这种焦虑不仅持续存在，而且正如我们将在下文看到的，它必然会逐渐增加，并将推动形成神经症的所有过程。

在那些可能影响童年焦虑进一步发展的因素中，有一种我要特别加以考虑。敌意和焦虑的反应，究竟是被局限在迫使儿童产生敌意和焦虑的周围环境中呢，还是会发展成为针对所有人的敌意和焦虑？这两者有很大的区别。

例如，如果一个孩子足够幸运，拥有一位慈爱的祖母，一位善解人意的老师，一些好朋友，他与他们交往的经历可以防止他从每个人身上只看到坏的方面。但是，如果他在家庭中的处境越是困难，他就越是倾向于产生不仅是对父母和其他孩子的仇恨反应，而且还会形成对所有人的不信任感或者恶意态度。一个孩子越是孤立，且不能发展其他方面的经验，就越是往敌意这方面发展。最后，孩子越是遮掩他对自己家庭的怨恨，例如通过顺从父母的态度来遮掩，他就越会把焦虑投射到外部世界，并且确信整个"世界"都是危险的、可怕的。

对于外界的一般焦虑，也可能逐渐发展或增长。在上述环境中成长起来的孩子，在与其他人接触的时候不像其他人一样富有进取心或者好斗。他会失去被人需要这种得到肯定的自信，甚至会把一个无害的恶作剧当作残酷的排斥。他将会比其他人更容易受到伤害，更加没有能力保护自己。

由我在上面提到的这些因素或者类似的因素促成或者引起的状况，是一种在充满敌意的世界中暗中潜伏的日趋增多、无处不在的孤独感和无能为力感。对个人环境因素所作出的剧烈的个人反应，会凝成一种性格态度。这种态度本身并不构成神经症，但却是在任何时候都有可能生长出一种特定的神经症的肥沃土壤。由于这种态度在神经症中发挥着根本性的作用,我给了它一个特别名称:基本焦虑。它与基本敌意密不可分地交织在一起。

在精神分析中,通过研究所有的不同个体的焦虑形式,我们会逐渐发现一个事实:基本焦虑隐藏在所有人际关系的背后。尽管个体焦虑可以由实际原因诱发,但是在实际情况下,即使没有特定的刺激,基本焦虑仍然存在。如果将整个焦虑的情形与一个国家的政治动荡局势相比,基本焦虑和基本敌意类似于对于政权的潜在不满和抗议。在两种情况下,任何表面现象都可能完全缺失,或者它们可能以各种纷乱的形式出现。在一个国家中,它们的表现可能像暴乱、罢工、集会、示威;在心理学领域,焦虑的形式也能够以各种各样的症状表现出来。不管是受到哪种特定形式的刺激,焦虑的所有临床表现都会从一个共同的背景中发源出来。

在单纯的情境神经症中,基本焦虑是缺乏的。情境神经症是个人关系未受干扰的部分个体对实际冲突环境的神经质反应。下面提到的一个经常发生在心理治疗实践中的病例可以作为典型。

一位四十五岁的女士抱怨说晚上经常心跳加速和焦躁不安,还伴随着大量的排汗。但在她身上没有发现器官病变，所有的证据都表明她是一个健康的人。她给人的印象是一个热心和直爽的女人。二十年前，她出于现实环境而非主观意愿，嫁给了一个比她大二十五岁的男人。她和他在一起非常幸福，在性方面很满意，还有三个发育得特别好的孩子。她在家务方面非常勤快能干。最近五六年来，她的丈夫变得有些脾气暴躁，性能力也不行了，但她忍受了这一切，没有出现任何神经质反应。麻烦的开始是在七个月前，当时有一个与她年龄相仿的值得托付终身的充满魅力的男子对她表达爱意。结果是，她对她那年老的丈夫产生了怨恨，但是考虑到她的整个精神状况与社会背景，以及基本完好的婚姻关系等这些强大的理由，她完全压抑了这种怨恨的感觉。经过几次交谈，在医生的帮助下，她已经能够坦然面对这种冲突性情境，从而消除了焦虑。

将性格神经症中的个人反应与案例中的那些反应（如刚刚引用的这个，属于单纯情境神经症范畴）进行比较，能够更好地说明基本焦虑的重要性。情境神经症出现于健康人身上，由于可理解的原因，他们不能有意识地应对冲突情况，也就是说，他们不能够正视冲突的存在及其性质，因此也就不能做出明确的决定。两种类型神经症之间的一个显著区别是，情境神经症能够取得很大的治疗效果；而在性格神经症中，治疗不得不在极大困难下进行，因此需要持续很长一段时间，有时候过长的时间让病人没有耐心等到痊愈。情境神经症相对来说比较容易治愈。为理解情境神经症而进行的讨论，通常不仅是对症状的治疗，而且是对病因的治疗。而在其他神经症的治疗中，病因治疗则是通过改变环境来消除困扰。①

因而，在情境神经症中我们能得到冲突环境和神经症反应之间存在着充分关系的印象，然而在性格神经症中，这个关系似乎并不存在。在性格神经症中，由于现存的基本焦虑，最轻微的刺激都有可能引发最强烈的反应，这一点我们将在后文更详细地看到。

尽管焦虑的显示形式，或者对抗焦虑的防御措施，对于每个人来说其范围是无限宽广和多种多样的，但基本焦虑无论在什么地方或多或少是相同的，只是在范围和强度上有所变化。它可以大致被描述为一种自感渺小、无足轻重、无助、被人抛弃、面临危险的感觉，仿佛置身于一个面对谩骂、欺骗、攻击、羞辱、背叛、嫉妒的世界。我的一位病人不经意地画了一幅画，就表达了这种感觉。在画

---

① 在这些病例中，精神分析既无必要，也不可取。

面中，她以弱小、无助、赤裸的婴儿形象坐在画面中间，周围被各种各样的恐怖的怪物、人和动物所环绕，它们面目狰狞、张牙舞爪，准备向她发起攻击。

在各种精神变态中，我们经常会发现病人对这种焦虑的存在有着相当高程度的自觉意识。在妄想症患者那里，这种焦虑限定于一个或几个明确的人物；而在精神分裂症患者那里，常常对散布在他们周围的潜在敌意有着敏感的警觉，以至于容易把别人向他们表示的好意当作暗含图谋不轨的潜在敌意。

然而在神经症中，病人很少能够意识到基本焦虑或者基本敌意的存在，以及它对于整个人生的重要性和意义。我的一位病人在梦中看到她自己像一只小老鼠，不得不躲到洞里，以免被人踩到——显示出了现实生活中她的形象的绝对真实写照，她根本不知道实际上她是惧怕所有人，她甚至告诉我她并不知道什么是焦虑。对任何人起码的不信任可以被一种肤浅的信念所遮掩，即认为人们差不多都很可爱，其实它和看似良好、实则敷衍的人际关系并存，而心中对别人的极深蔑视也会通过随时取悦别人的方式加以伪装。

尽管基本焦虑涉及的对象与人有关，但它可以完全脱离人性特征，转变成一种受到雷雨天气、政治事件、病菌、事故、变质食品等威胁的感觉，或者是一种命中注定、在劫难逃的感觉。对于一个训练有素的观察者来说，认识这些感觉的实质并不困难，但是对于神经症患者往往需要做许多细致入微的精神分析工作，要让他们自己认识到，其焦虑实际针对的不是病菌这类东西，而是人，他对别人的愤怒不是或者并不仅仅是对某些实际情况做出的正当反应，而是他对别人产生了基本的敌意，并不信任他们。

在描述神经症基本焦虑的内涵之前，我们必须讨论一个可能在许多读者心中产生的疑惑。被描述成是神经症的基本构成因素的针对他人的基本焦虑和敌意，难道不是我们所有人内心隐秘之处——尽管可能程度比较轻微——都有的一种"正常"态度吗？要讨论这个问题，我们必须区分两种观点。

如果"正常"一词意味着一种普遍的人类态度，我们可以说，基本焦虑与德国哲学和信仰中所说的"原始焦虑"确实有着正常的必然联系。这句话所要表达的意思是，面对比我们自己更强大的力量，诸如死亡、疾病、衰老、自然灾难、政治事件、突发事故等，实际上我们所有人都是无能为力的。我们最初认识到这一点是在童年时代的无能为力中，然而这种认识伴随我们终生。在面对更强大的力量时，这种"原始焦虑"与基本焦虑一样也有无能为力感，但是原始焦虑对于这些力量并不含有敌意。

但如果"正常"指的是对我们的文化而言是正常的，从这个意义上我们可以这样说：在我们的文化中，假如一个人的生活没有得到太多的保障，经验通常会引领他，让他在变得成熟时对待他人更加内敛含蓄，更加小心谨慎，让他更懂得这样的事实：人们的所作所为往往并不是直来直去的，而是经过慎重顾虑和权衡之后决定的。如果他是一个诚实的人，他就会把自己也包括在内；如果不是，他就会在他人那里把这一切问题都看得更加清楚。简而言之，他会形成一种与基本焦虑十分相似的态度。然而也存在着一些区别：一个健康成熟的人面对这些人生的缺陷并不会感到无能为力，在他身上也看不到基本神经症中那种不分青红皂白的倾向。他仍然有能力给别人很多真诚的友谊和信任。或许，两者的区别应该通过这样的事实来说明：健康的人是在他能够整合不幸经历的年纪遭遇了大量的不幸经历，而神经症患者是在他不能掌控不幸经历的年纪遭遇了大量的不幸经历，因为对它们无能为力，结果就导致了焦虑反应。

在对待他自己和别人的态度上基本焦虑有着特定的义，它意味着情感上的隔绝孤立，如果同时伴随着自己内在的软弱感觉，就更加难以忍受。它意味着自信心的基础大大削弱。它孕育着潜在冲突的萌芽，一方面希望依赖他人，另一方面又不可能这么做，因为他对别人有着深深的不信任感和敌意。这意味着，由于存在着内在的软弱感，他会有一种想要把责任推卸到别人身上的愿望，有一种渴望得到保护和关照的愿望，然而由于基本敌意的存在，对别人有着太多的不信任，而不能实现这种愿望。因而结果总是变成这样，他不得不把他的绝大部分精力投入到寻求安全保障上。

焦虑越是难以忍受，保护手段就必须越是彻底。在我们的文化中，有四种试图保护自己免受基本焦虑困扰的主要方式：爱、顺从、权力和退缩。

首先，以任何方式获得的爱都可以作为对抗焦虑的有力措施。此时他的信念是：如果你爱我，就不会伤害我。

其次，根据是否关涉特定的人或者制度，顺从的方式大体可以再行细分。例如，在服从定型了的传统观念、某些宗教仪式或者某些权势人物的要求时，就存在着明确的顺从意图。遵守这些规则或者按照这些要求照做，将是一些行为的决定性动机。这种态度可能表现为必须"听命"的形式，尽管"听命"的内容随着需要遵从的要求或者规则的不同而有所不同。

当顺从的态度不依附于任何制度或者个人的时候，它就会采取更加一般化的形式，即服从所有人的潜在愿望，避开一切可能招致敌视的情况。在这种情况下，个人会压抑自己的所有要求，压抑对别人的批评，宁可遭到别人的诬陷也不为自己辩护，并且随时准备着不分是非好坏地去帮助别人。人们偶尔会意识到这些行为背后隐藏着焦虑，但是通常他们完全意识不到这一事实，而且坚定地相信他们这样做是出于一种大公无私或者自我牺牲的理想，这种理想之远大甚至到了要放弃他们自己的愿望的程度。无论是顺从的特定形式还是一般形式，这里的信念都是：如果我屈服了，我就不会受到伤害。

顺从态度也可以通过爱来获得安全保障。如果爱对于一个人是如此重要，以至于他生活中的安全感依赖于它，那么他就愿意为它付出任何代价，而基本上这就意味着顺从别人的愿望。然而，由于常常无法相信任何爱意，那么他的顺从态度就不是旨在赢得爱，而是为了获得保护。有些人只有通过严格顺从，才能感受到安全感。在他们那里，焦虑是如此强烈，对爱的不信任是如此彻底，以至于完全没有得到爱的垂青的任何可能。

第三种对抗基本焦虑以企图保护自己的方式是通过权力——试图通过获得实际权力，或者成功，或者占有，或者崇拜，或者智力上的优越来获得安全感。在这种获取保护的企图中，其信念是：如果我拥有权力，没有人能伤害我。

第四种保护手段是退缩。前面几种保护方法都有一个共同特点，即愿意与外界角逐，愿意以某种方式与之周旋。不过，通过从外界退缩回来也能找到保护。这并不意味着跑进沙漠，或者完全与世隔绝；这意味着获得独立，而不受其他人对自己的外部需要或者内部需要的影响。外部需要方面的独立可以通过诸如积累财富的方式来实现。这种占有动机完全不同于追求权力或者影响力的动机，而且对占有物的使用也完全不同。为了获得独立而积累财富，常常会因有太多的焦虑而不能享受财富。这种人用吝啬的态度守护着积累的财富，因为积累财富的唯一目的是为了预防一切可能发生的不测。另一种使外部需求独立于他人的方式，是将一个人的需求缩减至最小限度。

从内部需求获得独立的方式，可以通过试图在情感上与他人疏离来实现,这样就没有什么事情能够伤害他,或者让他感到失望。这意味着窒息一个人的情感需求。这种疏离方式的表现之一是对任何事都持无所谓的态度,包括对他自己也是这样。这种态度经常见诸知识界。无所谓或者满不在乎并不是说认为自己并不重要。事实上,这些态度可能是互相矛盾的。

退缩的策略与顺从或者服从的策略有一个相似之处,即两者都涉及放弃自己的愿望。但是对于后者,放弃是为了"听命"或者为了获得安全感而听命于他人;对于前者,"听命"的理念根本不起什么作用,放弃自己愿望的目的是为了获得相对于他人的独立。这时的信念就是:如果我退缩,就没有什么东西能够伤害我。

为了评估神经症病人对抗基本焦虑以保护自己所采用的这些措施所起的作用,有必要了解它们的内在强度。它们不是由满足快乐欲望或者幸福欲望的本能所推动,而是被一种获得安全感的需要所推动。然而,这并不意味着它们无论如何都不如本能驱动那样强大或者不可抗拒。比如,经验表明,某种追求野心的影响可能与性本能的影响同样强大,甚至还要更为强大。

如果生活环境允许而不引发冲突,单独地采用或者主要采用这四种策略中的任何一种，都能成功地带来所需要的安全保障，尽管这种片面的追求往往要付出丧失整体人格的代价。例如，在要求妇女服从家庭或者丈夫并且遵守传统习俗的文化之中，一个采取顺从方式的女人可以得到安宁和大量的附带满足。如果是一个致力于攫取权力和财富的君主，其结果同样可能会获得安全感和成功的人生。然而，事实上，直截了当地追求一个目标常常难以达到目的，因为设定的要求太过分，或者太欠考虑，以至于与周围的环境发生冲突。更常见的是，从巨大的潜在焦虑中寻求安全保障，不是仅仅通过一种方式，而是通过好几种方式，而且这些方式之间互不相容。因此，神经症患者可能同时被内心的种种需求所强迫驱动：一方面希望统驭所有人，另一方面又想被所有人爱戴；一方面顺从他人，另一方面又把自己的意愿强加到他人身上；一方面疏离他人，另一方面又渴望得到他们的爱。正是这些完全无法化解的冲突通常会构成神经症的动力中心。

最经常发生冲突的两种企图，是对爱的追求和对权力的追求。在接下来的章节中，我将详细讨论。

我对神经症的结构所做的描述，大体上与弗洛伊德的理论并不矛盾，即神经症主要是本能冲动和社会要求（或者是社会要求在"超我"中的表现)之间冲突的结果。不过,虽然我同意个人愿望和社会压力之间的冲突是每一种神经症的一个不可缺少的条件,但我不认为它是一个充分条件。个人欲望与社会要求之间的冲突并不会必然导致神经症,但是同样可能导致事实上的人生限制,也就是说,导致对欲望的单纯压制或者抑制,或者通常来说,导致事实上的痛苦。只有当这种冲突产生焦虑,当缓解焦虑的企图反过来导致防御倾向,尽管这种防御倾向同样必要,而且在它们彼此互不相容时才会产生神经症。

第六章

对爱的神经症需求

毫无疑问,在我们的文化中,这四种保护自己免受焦虑之苦的方法在许多人的生活中发挥着决定性作用。有些人一生中最主要的奋斗目标是得到爱或者认可,为了满足这一心愿,他们竭尽全力;有些人的行为特点是倾向于顺从让步,不采取任何自我肯定的行动;有些人的全部追求是获得成功、权力或者财富;还有那些倾向于把自己与他人隔绝开来的人,为的是获得相对于他人的独立。然而有人可能会提出疑问,即我认为这些做法是为了对抗基本焦虑而获得保护,是不是正确的?它们难道不是特定的人在正常范围内可能有的本能表现?这种非议的错误就在于用非此即彼的方式看待问题。实际上，这两种观点既不矛盾也不互相排斥。对爱的渴望，顺从的倾向，追求影响力或成功，以及退缩的心理，完全可以以各种不同组合的形式存在于我们所有人身上，而没有一丝一毫的神经症迹象。

此外，这些倾向中的某一种在特定的文化中可能会是一种主导态度，这一事实再次表明，它们可能是人类的正常潜意识。如玛格丽特·米德描述的那样，在阿拉佩希（Arapesh）文化中，关爱、母亲般的呵护以及顺从他人愿望等是占主导地位的倾向；而在夸扣特尔（Kwakiutl）文化中，如鲁斯·本尼迪克特指出的，以一种相当残忍的形式争取名望是一种公认的模式；出世则是佛家的主要心理趋向。

我提出这个概念的目的不是否认这些内在趋向的一般特性，而是我一向认为，所有这些都可以用来抵抗焦虑，提供安全保障服务，而且在获得保护作用的同时，这些倾向改变了自己的性质，变成了某种完全不同的东西。我可以借用一个比喻来解释这种区别。为了检验一下我们的体力和技能，从高处看看风景，我们可以选择爬一棵树，或者我们爬树的原因是被一头野兽追赶。在这两种情况下，我们爬树的动机完全不同。在第一种情况下，我们这样做是为了获得快乐，而在另一种情况下，我们是受到恐惧的驱使，出于安全的需要不得不这么做。在第一种情况下,爬或者不爬我们都是自由的,在另一种情况下,我们因为紧急需要而被迫去爬树。在第一种情况下,我们可以寻找一棵最适合达到我们目的的树,在另一种情况下,我们没得选择,只能爬上最近的第一棵树,而且它也不必是一棵树,它可以是一根旗杆或者一所房屋,只要它能够提供保护自己的功能。

动机和驱力的不同也会导致感觉和行为上的差异。如果我们被一种为了获得自身满足的直接的意愿所驱使,我们的态度将会具有自发性和选择性这样的特点。然而,如果我们被焦虑驱使,我们的感觉和行为就会带有强迫性和盲目性。当然,还存在着一些过渡阶段。一些本能驱动,比如饥饿和性,很大程度上受制于因贫乏而造成的生理紧张,这种生理紧张可以积累到这样的地步,以至于获得满足的方式带有一定程度的强迫性和不加选择性,而这本来是由焦虑驱动才有的特征。

此外,获得的满足感也存在区别,笼统地说,即快乐和安全感的区别。[1]然而,这种区别乍一看没有最初显示出

---

[1] H. S. 苏利文在《社会科学研究中的精神病学内涵札记:人际关系研究》(载《美国社会学杂志》1937年第43期)一文中指出,对满足感与安全感的追求是人生调节的一条基本准则。

来的那么明显。像饥饿或者性这样的本能驱力的满足是快乐的，但是如果因生理紧张受到抑制，那么获得的满足就与缓解焦虑获得的满足非常相似。在这两种情况下，都有一种从难以承受的紧张中获得的缓释。至于在强度上，快乐和安全感可能同样强烈。性的满足，尽管种类不同，但可以与一个人突然从紧张焦虑中解脱出来的感觉一样强烈。一般来说，对安全感的追求不仅可能与本能冲动同样强烈，而且可以获得同样强烈的满足感。

正如前一章所讨论的，对安全感的追求也包含着其他次要的满足。例如，除了获得安全感之外，被爱或者被赞赏的感觉，取得成功或者获得影响力的感觉，都可以得到极大的满足。此外，正像我们马上要看到的那样，获得安全感的各种途径使得被压抑的敌意得到完全释放，从而提供了另一种缓解紧张的感觉。

我们已经知道，焦虑可以成为某些倾向背后的驱动力，而且我们已经考察了由此产生的几种最重要的驱动力。现在我将更加详细地讨论在神经症中实际上发挥着最重要作用的两种驱动力：对爱的渴望，以及对权力与控制欲或者支配欲的渴望。

对爱的渴望在神经症中很常见，而且很容易被训练有素的观察者识别，因此它可以被看作焦虑存在及表示其大致强度的最可靠的指征。事实上，如果一个人从根本上对充满威胁和敌意的世界感到无助，那么对爱的追求似乎是寻求任何形式的仁慈、援助或者赞赏的最合乎逻辑和最直接的方式。

如果神经症患者的心理状况正如他自己经常想象的那样，那么他应该很容易得到爱。如果让我用语言来描述神经症患者经常模模糊糊感受到的东西，其情形大概是这样：我所需要的是如此之少，不过是希望人们应该对我友善，应该给我建议，应该理解我是一个可怜的、无害的、孤独的灵魂，我只是急切地想让别人快乐，而不是急切地伤害任何人的感情。这就是他想象到的或者感觉到的一切。他没有意识到他的敏感、他的潜在的敌意、他的苛刻要求是如何严重地干扰了他的人际关系；他也无法判断他给别人留下的印象，以及别人对他做出的反应。因此他困惑不解，为什么他的友谊、婚姻、爱情、工作以及事业总是不那么尽如人意。他往往把这些归结为他人的错误，是他们不体谅、不忠诚、不文明，或者由于某些难以捉摸的原因使他缺乏受人欢迎的天赋。因此他一直在追逐着爱的幻觉。

如果读者还能回想起我们曾经讨论过关于焦虑如何由

受到压抑的敌意所导致,并反过来再次导致敌意,换句话说,焦虑和敌意是如何不可分割地交织在一起,那就不难发现神经症患者思维方式中的自我欺骗以及他因此而招致失败的原因。神经症患者一点儿都没发觉自己陷入了没有能力去爱却又非常需要别人的爱的两难境地。这时我们停下来,考虑一个看似简单实则难以回答的问题:什么是爱,或者它在我们的文化中意味着什么?我们可能经常听到有人对爱随便下的一种定义,即爱是一种给予和获得感情的能力。尽管这一定义包含着某些真理,但是它过于笼统,无助于帮助我们解决我们遇到的困难。大多数人有时候会深情款款,但是他可能完全没有能力去爱。因此首先考虑的因素是爱的情感流露的态度:它是对他人的一种基本肯定的态度的表达,还是说它是出于失去害怕对方,或者是一种将别人捏在手中的念头?也就是说,我们不能把任何一种表现出来的态度作为判断是不是爱的标准。

虽然说清楚什么是爱非常困难,但是我们可以明确地说什么不是爱,或者哪些因素与爱背道而驰。一个人可能非常喜欢另一个人,但有时候也跟他生气,拒绝他的一些要求,或者想要独自一个人待着。但是,这种限定范围内的愤怒或者退缩态度与神经症患者的态度是有区别的。后者总是提防别人，觉得别人对第三者的任何兴趣都是对自己的忽视，并把任何要求看作强迫，把批评当成羞辱。这当然不是爱。或者，提出建设性批评，以便如果可能的话帮助别人改正，这与爱并不矛盾。但是对神经症患者来说这不是爱。正如神经症患者经常做的，提出完美无瑕的偏执要求，这种要求暗含着这样的敌意："如果你不能尽善尽美，你就麻烦了！"

当我们发现一个人只是将别人作为达到某种目的的工具，也就是说，仅仅是为了满足他的特定需要，我们也认为这与我们关于爱的观念不相符。很明显，在这种情况下，这个人想要的只是性满足，或者只是通过婚姻获得名望。但是，这个问题也十分难以区分，特别是当这些需要涉及心灵性质的时候。例如，一个人可能会自欺欺人地相信他爱着另一个人，尽管另一个人被爱只是出于他的盲目崇拜。在这样的情况下，另一个人很容易被突然抛弃，甚至被敌对，因为一旦另一个人开始受到批评，就失去了被崇拜的功能，正是由于具有被崇拜的地方这个人才被爱的。

不过，在对比讨论什么是爱什么不是爱的时候，我们必须警惕不要矫枉过正。尽管爱与利用所爱之人获得某种自己内心的满足是不相容的，但这并不意味着爱必须完全是、只能是利他主义的和富于奉献精神的。没有任何要求的爱，同样也配不上爱的名义。那些表现出这种信念的人恰恰暴露了他们自己不情愿给人以爱，而这种信念不是经过深思熟虑之后才有的。我们当然想要从我们喜欢的人身上获得某些东西——如满足、忠诚、帮助，如果有必要，我们甚至会做出牺牲或主动奉献。一般来说，能够表达这样的愿望，甚至为它们而奋斗，是心理健康的一种表征。爱与对爱的神经质需要之间的区别在于这样的事实：在真正的爱中，对爱的感觉是最主要的，然而在神经症情况下，最主要的感觉是对安全感的需要，对爱的感觉只是次要的。当然，这里还存在着各种各样的过渡状态。

如果一个人需要对方的爱是为了对抗焦虑，获得安全感，这个问题在他的意识中通常是完全模糊不清的，因为一般来说他并不知道他的内心之中充满了焦虑，不知道自己因此不顾一切地想要抓取任何一种爱以获得安全感。他所感觉到的只是这里有一个他喜欢或者信任的人，或者他为之迷恋的人。然而，他感受到的发自内心的爱可能只是对他人表现出来的善意的感激反应，或者是对某些人、某些情况所引起的期望或感情的反应。那个或明或暗地在他身上唤起这种期望的人，会被自动赋予重要性，于是他的感情就会在爱的幻觉中显现出来。这些期望可以由单纯的事实引起，比如他受到了一个有权势和有影响的人物，或者仅仅是给他一种特别坚定有力的印象的人物的友善对待。这些期望可以由情色或者性挑逗引发，尽管这些东西可能与爱没有任何关系。它们可以依存于某些现有的如家庭、朋友、医生等关系纽带，它们隐含着给予帮助或者情感支持的承诺。许多这种关系的维持是在爱的幌子之下，或者说，在一种相互依赖的主观信念之下，而实际上，这种爱只是一个人为了满足他自己的需要而紧紧抓住他人不放。这不是真正可靠的爱的感觉，一旦任何愿望得不到满足，这种感情就会随时表现出极度厌恶。在这些情况下，爱的观念中的重要因素之一——感情的可靠和坚定，是缺席的。

没有能力去爱的最后一个特征前面已经说到了，但是我想特别强调，即不考虑对方的人格、个性、缺点、需要、愿望和发展情况。不考虑他人情况，部分是出于焦虑的结果，它促使神经质的人紧紧抓住他人不放。一个落水的人紧紧抓住一个游泳者，通常不会考虑对方的意愿或者是否有能力救他上岸。这种不考虑他人的态度，在某种程度上也是基本敌意的一种表现，其最常见的内容是轻蔑与嫉妒。这种敌意可能会被不顾一切地试图去体贴别人甚至做出牺牲所掩盖，但是这些努力通常并不能阻止某些反常情况的出现。例如，一个妻子可能主观上坚信不疑自己深深地忠诚于她的丈夫，但是当她丈夫把时间投入在他的工作、兴趣爱好或者他的朋友们上面时，她就会愤恨、抱怨或者闷闷不乐。一个过分溺爱孩子的母亲可能相信自己为了孩子的幸福心甘情愿做任何事情，但是根本不会考虑孩子独立发展的需要。

把对爱的追求作为保护手段的神经症患者，几乎意识不到自己缺乏爱的能力。大多数这样的人会错误地把他们对别人的需要当成一种爱的倾向。他们有一种迫切的理由来维持和捍卫这样的错觉或幻觉。放弃错觉意味着正视自己感情上的两难处境，一方面是对别人怀有基本的敌意，然而另一方面又需要他们的爱。我们不能在瞧不起一个人、不信任他、想要破坏他的幸福或独立的同时，又渴望得到他的爱、帮助与支持。为了达到这两个实际上互不相容的目标，我们必须将敌意从意识中完全清除出去。换句话说，对爱的错觉虽然是将真正的喜爱和对他人需要两者混淆的结果，却具有使对爱的追求成为可能的特定功能。

在满足自己对爱的渴求时，神经症患者还会遇到另一种基本障碍。尽管他可能会成功获得他想要的爱，哪怕是暂时的，但他却不能真正地接受它。人们期望他能够接受任何给予他的爱，像饥渴的人遇到水一样热切。事实上，这种情况确实发生了，但只是暂时性的。每一个医生都知道友善和体贴对病人产生的效果。即使什么也没做，只是在医院给病人进行了护理，做了一番彻底检查，所有生理上的和心理上的症状都有可能突然消失。一个人患上了情境神经症，尽管它非常严重，但是当他感到自己被爱的时候，可能症状就完全消失了。伊丽莎白·芭蕾特·勃朗宁就是这种情况的一个著名例子。[1]即使是在神经症中，这种关心，不管是爱、关切或者医疗护理，都有可能减轻焦虑，从而改善病人的状况。

任何形式的爱都可以给他一种表面的安全感，甚至是幸福的感觉，然而在内心深处，要么充斥着不信任感，要么唤起怀疑和恐惧。他不相信这种爱，因为他固执地认为没有人可能爱他。这种不讨人喜欢的感觉通常是一种有意识的信念，它不会被任何相反的实际经验所动摇。的确，它被认为是理所当然的，根本不反映在他的意识里，但即

---

[1] 即Elizabeth Barrett Browning（1806—1861），英国诗人，15岁时因骑马跌伤脊椎，成为残疾人，是爱情的力量让她身体好转，甚至在伤残二十年后重新站立起来。

使难以说清，它也仍然像早就被意识到一样是不可动摇的信念。另外，它可以被"无所谓"的傲慢态度所遮掩，很可能难以被发现。这种不被人爱的信念与没有能力去爱非常相似，事实上，它是没有能力去爱的本能反应。一个能够真正喜欢别人的人，就不会怀疑别人也会喜欢他。

如果焦虑根深蒂固，那么任何他人给予的爱都会遭遇他的不信任，他立刻就会怀疑爱的背后是否有着不可告人的动机。例如，在精神分析中，这样的病人会认为分析医生想要帮助他只是出于医生自己的私心；医生给以赞赏或者说些鼓励的话，只是为了治疗的目的。我的一位病人情绪低落，我提议每个周末去看看她，她认为这实在是一种侮辱。公开表示的爱容易被当成是嘲弄。如果一位富有魅力的女孩公开向一个神经症患者示爱，他可能将其视为戏弄，甚至当成是故意的挑衅，因为这超出了他的想象，这个女孩怎么可能会真的喜欢他。

给这样的人以爱，不仅可能会遇到不信任感，而且可能会引发正面焦虑。这就好像是：屈服于一种感情意味着解除自己的武装、投身于别人的罗网。当一个神经症患者意识到他可能得到了一些真正的爱时，就会产生受宠若惊的恐惧感觉。

最后，爱的证实可能引起神经症患者对丧失独立自主的恐惧。情感依赖，正如我们即将看到的，对于任何一个缺少他人关爱就无法生活的人来说，是一个真正的危险，任何与之稍微类似的东西都可能引起不顾一切的反抗。这种人必须不惜一切代价避免自己产生任何正面情感反应，因为这种反应会立即像变魔术般地让他产生依赖他人的危险。为了避免这种情况，他必须蒙蔽自己，不去意识到别人是友善的或者乐于助人，他会想方设法抛弃所有爱的证据，在他自己的感觉世界中，他会坚持认为别人是不友善的、冷淡的，甚至是心怀恶意的。这样的情境类似于一个饥肠辘辘的人，他不敢吃东西，因为害怕可能会中毒。

因此，对于一个受到基本焦虑的驱使并且以寻求爱作为保护手段的人来说，在获得渴望的爱的机会方面根本没有任何优势。正是产生这种需求的情境妨碍了需求的满足。

第七章

对爱的神经症需求的特征

我们大多数人都希望被人喜欢，都能愉快地享受被人喜欢的感觉，如果不被人喜欢，就会产生怨恨的感觉。对于一个孩子来说，感觉到被人需要，对他的健康发展极其重要。那么，在对爱的需求中，哪些特殊性质被认为是神经症呢？

在我看来，草率地把这种需求称为幼儿的需求，不仅冤枉了儿童，而且忘记了构成对爱的神经症需求的基本因素实际上与幼稚没有任何关系。幼儿的需求和神经症需求只有一个共同点，就是无助感，而且两种不同情形产生的无助感有着不同的基础。除此之外，对爱的神经症需求是在完全不同的前提条件下形成的。再重复一遍，这些前提条件是：焦虑、不被人爱的感觉、对任何形式的爱都不能相信，以及针对所有其他人的敌意。

因此，在对爱的神经症需求中，引起我们注意的第一个特征是它的强迫性。只要一个人被强烈的焦虑所驱使，其结果必然是丧失自发性和灵活性。简单来说，对神经症患者而言，获得爱既不是一种奢侈，也不是额外的力量或快乐的主要源泉，而是一种不可或缺的必需品。两者之间的差别在于：一种是"我希望被爱，并享受被爱"，另一种是"我必须被爱，为此我不惜任何代价"。比如，有的人吃东西是因为他胃口好，能够充分享受他的食物，而另外的人吃东西是因为他快要饿死了，必须不加选择地进食，并且为此不惜付出任何代价。

这种态度必然会导致过高估计被人喜欢的实际意义。事实上，自己被所有人喜欢并没有想象的那么特别重要。实际上，比较重要的是那些我们关心的人，我们必须与之一起生活或一起工作的人，那些我们权宜对待、希望给他们留下良好印象的人。除了这些人之外，我们是否被别人喜欢完全无关紧要。①然而，从神经症患者的感觉和行为表现来看，好像他们自己的存在、幸福和安全都要取决于是否被人喜欢似的。

　　他们的这些愿望可以不加选择地附着于任何人身上，从理发师或者他们在聚会上碰到的陌生人，一直到他们的同事和朋友，或者所有的女性，或者所有的男性。因此，一声问候、一个电话、一次邀请，是十分友好还是冷淡，都可能改变他们的情绪和他们对整个生活的看法。这里我要提到一个与此相关的问题，即他们不能独处，否则就会产生从轻微的不自在到躁动不安，再到明确的恐惧等程度不同的孤独反应。我指的不是那些枯燥无聊、对独处容易厌烦的人，而是那些聪明机智、本来可以独自享受生活的人。例如，我们经常看到这样一些人，他们只有在有别人在场的时候才能工作，如果他们不得不独自一个人工作，就会感到不安和不愉快。这种需要有人陪伴的情况可能包含着一些其他因素，但总的情形是体现出一种隐隐约约的

---

① 这样的说法在美国可能会遭到反对，因为在美国流行着一种文化因素，以至于受欢迎成为竞争的目标之一，因而获得了在其他国家所不具有的重要意义。

焦虑，是一种对爱的需求的焦虑，或者更准确地说，一种需要与人接触的焦虑。这些人有一种在人世中孤零零的漂泊无依的感觉，与他人的任何接触对他们来说都是一种慰藉。我们在精神分析实验中有时可以发现，不能独处的情况伴随着焦虑的增长而加剧。有些病人只要让他们感觉到在他们设置的保护墙后面受到庇护，便能够独处。但是，一旦他们的保护设置被精神分析攻破，某种焦虑就会被激发，他们会突然发现自己再也无法忍受孤独了。在精神分析过程中，这种暂时性的损伤是无法避免的。

对爱的神经症需求可能会集中到个别人身上——丈夫、妻子、医生、朋友等。如果是这样，那个人的忠诚、关怀、友情乃至那个人的在场，将会变得无比重要。然而，这种重要性具有自相矛盾的性质。一方面，神经症患者寻求他人的关注和在场，害怕自己不被喜欢，如果对方不在身边他就会感到被冷落；另一方面，当他和自己的偶像在一起的时候，他却一点儿也不感到快乐。如果他能够意识到这一矛盾，他一定会感到困惑不解。但是根据我以前说过的那些现象，很明显这种希望别人在场的愿望并不是真正喜爱的表示，而只是通过别人在场这一事实来为他提供对于安全感的需要。（当然，真正的喜爱和对于能够带来安全感的爱的需求,可能同时存在,但它们不一定那么相互吻合。)

对爱的渴求也可能局限于某些团体,也许是在某个有着共同利益的群体中,比如一个政治或者宗教团体,或者仅限于某一性别的人身上。如果对安全感的需求局限于异性,那么这种情况表面上看起来是"正常的",与之相关的人通常也会辩解说这是"正常的"。例如,有这样一些女人,如果她们身边没有男人,就会感到痛苦和焦虑,她们会开始一段恋情,过不了多久就分手,再次感到痛苦和焦虑,然后开始另一段恋情,如此循环往复。这不是对男女关系的真正渴望。这一事实表明,这些关系充满了矛盾冲突,并不尽如人意。这些女人随意地选择任何男人,只是希望有男人在她们身边就行,而对他们中的任何一个并不真正喜欢。通常,她们甚至得不到生理上的满足。当然整个情况在现实中要复杂得多,我只是强调焦虑和对爱的需求在其中发挥的重要作用罢了。[1]

在男人身上也可以发现相似的类型。他们会有一种希

---

[1] 凯伦·霍妮:《对爱的过高评价:现代常见女性类型研究》,载《精神分析季刊》1934年第3期,第605—638页。

望被任何女人都喜欢的强烈欲望，而与其他男人在一起就会感到心神不宁。

如果对爱的需求集中到同性身上，就有可能成为潜在的或明显的同性恋的决定性因素之一。假如通往异性的道路被过多的焦虑所阻挡，对爱的需求就有可能趋向同性。不用说，这种焦虑表现得不是太明显，它会被一种厌恶异性或者对异性不感兴趣的感觉掩藏起来。

由于获得爱是极其重要的，因而神经症患者将为此不惜付出任何代价，而大多时候他们没有意识到自己正在这样做。付出代价的最常见的方式是，采取顺从的态度和情感依赖。顺从态度的表现形式是不敢表示不同意见，或者不敢批评其他人，对别人只是表示忠诚、赞赏和温驯。如果允许这种类型的人发表批评或者针砭言论，他们就会感到焦虑，即使他们的言论构不成什么危害。这种顺从态度能够深入发展，以至神经症患者不仅打消了积极进取的想法或者好斗的冲动，而且扼杀了所有自我肯定的态度，他会任人侮辱，做出任何牺牲，不管这对他自己有多么不利。例如，神经症患者爱慕一个从事糖尿病研究的人，他可能会希望自己患上糖尿病，因为患上这种疾病可能会赢得那个人的关注。

与顺从态度非常相似并与之交织在一起的是情感依赖。这种情感依赖源于神经症患者的心理需求，总想依附于能够提供保护承诺的人。这种依赖不仅可以导致无尽的痛苦，甚至可以是毁灭性的。例如，在有些人际关系中，一个人由于依赖于另一个人而变得无能为力，即使他充分意识到了这种关系是不合理的。但如果他得不到一句关切的话或者一个微笑，他就会感觉这个世界仿佛就要崩溃了；在他盼望着一个电话的时候，可能焦虑症就发作了；如果别人不能来看他，他会感到万分凄凉，悲痛欲绝。尽管意识到了这些问题，但他还是无法摆脱。

通常情况下，情感依赖的结构更加复杂化。在一个人依赖于另一个人的关系中，总是有着大量的怨恨。依赖别人的人怨恨自己受到奴役，怨恨不得不顺从别人，但是出于失去对方的恐惧，他不得不继续这样做。他不知道造成这种状况是由于他自己的焦虑，他很容易认为自己屈服于别人是由于别人对他施压造成的。因为他急切需要对方的感情，在此基础上产生的怨恨必须加以压制，而这种压制反过来又产生了新的焦虑，伴随着接踵而至的对安全感的需求，再次强化了依附他人的倾向。因而在某些神经症患者身上，情感依赖产生了一种非常现实甚至是完全正当的恐惧，即担心他们的生活正在被摧毁。当这种恐惧变得非常强烈的时候，他们可能不再依附任何人，而是设法保护自己，以免受对他人依赖之苦。

有时候，依赖态度在同一个人身上会发生变化。在经历过一次或几次类似的痛苦体验之后，他可能会不分青红皂白地抗拒任何与依赖相关的东西。例如，一个有过几次恋爱经历的女孩，所有的恋爱都是以她对某一男人的极度依赖而告终，这让她形成了对所有男人都保持距离的态度，只是想将他们玩弄于自己股掌之上，而不动任何感情。

情感依赖在病人对待精神分析医生的态度中表现得也很明显。利用分析治疗来了解自己，是符合他自己的利益的，但是他常常忽视了自己的利益，而去试图取悦精神分析医生，以赢得注意或赞许。即使他有很好的理由希望治疗尽快进行——因为分析会使他遭受痛苦，或者做出牺牲，或者因为他时间有限，但为了取悦医生，这些理由有时好像变得无关紧要。病人会花好几个小时讲述冗长的故事，只是为了从医生那里获得赞许，或者他会力尽所能让医生每个小时都感到有趣，让医生开心，并向自己表示欣赏。这种情形会发展到，病人的联想甚至连做什么梦都被取悦医生的愿望所决定。或许，他还可能迷恋上医生，他相信除了医生的爱之外什么都不重要，并试图用真挚的感情打动医生。在这里，不加选择的倾向很明显，在他们眼里，好像每一个精神分析医生都是人类价值观的典范，或者完全符合每个患者的个人预期。当然，医生可能是病人在任何情况下都会爱的人，但是即使这样，也不能说明医生为病人付出的感情有多大的重要性。

我们通常所说的"移情"指的就是这种现象。然而这个术语并不十分确切，因为移情指涉的应该是患者对精神分析医生所产生的所有非理性反应的总和，不仅仅是情感依赖。在这里，问题并不在于为什么这种依赖会发生在精神分析当中，因为需要这种保护的人会依附于任何医生、社会工作者、朋友、家庭成员，而是在于为什么它特别强烈，为什么它如此频繁地发生。答案相对来说比较简单：除了其他作用，精神分析治疗意味着攻破了为对抗焦虑而建立起来的防御，从而激发了隐藏在保护墙后面的焦虑。正是这种焦虑的增长，导致病人以这样或那样的方式依附于精神分析医生。

这里我们再次发现了神经症患者对爱的依赖与儿童对爱的需求之间的不同之处：儿童之所以比成人需要更多的关爱或帮助，因为他们在生活中更加无助，在他们的这种态度中并不包含任何强迫性因素。只有忧虑不安的孩子才会依赖母亲的襁褓。

对爱的神经症需求的第二个特征也完全不同于儿童对爱的需求，这种需求贪得无厌，永不知足。的确，一个孩子可能会吵吵闹闹纠缠不休，但是如果要求过多的关照和没完没了的被爱的证据，说明这是一个神经质的孩子。一个健康的孩子，在温馨可靠的环境中成长起来，会确信自己受到了关爱，并不需要去不断地证明这个事实，在他需要帮助而得到帮助的时候，便会感到心满意足。

神经症患者永不知足的态度可以表现为贪婪，这是一种常见的性格特征，表现在狼吞虎咽、疯狂购物、贪多务得、急不可耐等方面。这种贪婪大多时候受到压抑，然后突然爆发出来，比如一个人平时在买衣服的时候很俭省，而在焦虑状态下却一口气买了四件新衣服。它可能以比较温和的海绵吸水的方式出现，也可能以更富挑衅性的章鱼捕猎的方式出现。

这种贪婪的态度，连同它所有的表现形式以及随之而来的抑制作用，被称为"口唇"态度[1]，它在精神分析文献中有过非常精彩的描述。尽管这一术语背后的理论假设很有价值，因为它能把迄今为止种种孤立的倾向整合为综合症候，但是认为所有的这些倾向都起源于口腔快感的先入之见是值得怀疑的。通过观察可以发现，贪婪往往表现在对食物的需要和吃东西的方式上；在梦境中也是如此，它可能以更加原始的方式表现同样的倾向，例如在吃人肉的梦中。然而，这些现象不能证明它们从本质上是由口唇欲望导致的。因此，这似乎是一个更能站得住脚的假设：不管贪婪感觉源自哪里，吃不过是满足贪婪感觉的最佳手段，就像在梦境中，吃是表达贪得无厌的欲望的最具体、最原始的象征一样。

认为"口唇"欲望或者"口唇"态度的性质是性欲，同样需要证实。毫无疑问，贪婪态度可能出现在性领域中，它表现在实际的性贪婪以及将交媾看作吞咽或咬噬的梦中。但它同样也表现在对于金钱或穿戴的占有欲上，或者表现在对权力和名望的追逐上。在那些能够支持力比多假设的

---

[1] 卡尔·亚伯拉罕：《力比多的演变历史》，《医学精神分析新著》，第2册，1934年版。

说法中，只有这一点是正确的，即贪婪的热烈程度与性冲动的热烈程度类似。然而，除非我们假定任何一种热烈的冲动的性质都是力比多，否则仍然需要拿出证据去证明贪婪实际上是一种性冲动。

贪婪的问题十分复杂，至今仍然没有得到解决。像强迫行为一样，肯定是由焦虑引起的。贪婪受到焦虑的制约这一事实，在经常发生的过度手淫或者过量饮食中看得相当清楚。两者之间的联系通过以下事实也可以看出来，一旦人们以某种方式获得安全感——感觉被爱，取得成功，从事建设性的工作，贪婪就可以减弱或者完全消失。例如，感觉到被爱能够突然减轻强迫性购买欲望的强度。一个对每一顿伙食都垂涎欲滴、难掩贪婪的女孩，一旦开始从事如服装设计这样的自己特别喜欢的职业，就完全忘记了饥饿和饭点。另一方面，一旦敌意或者焦虑增强，贪婪就可能出现，或者程度加剧。一个人在观看一场可怕的表演之前，可能会不由自主地去购物，或者在感觉有可能被拒绝之后，忍不住想要去大吃一顿。

然而有很多人虽然内心焦虑，却没有变得贪婪，这一事实表明，这里还存在着一些特别的因素。在这些因素中，能够相当肯定地指出的是，贪婪的人不相信他们自己拥有创造任何事物的能力，因此不得不通过外部世界来寻求满足；但是他们又认为没有人愿意给予他们想要的任何东西。那些对感情需求贪得无厌的神经症患者，在物质方面也表现得同样贪婪，比如在时间或金钱、具体情况的实际建议、种种困难中的实际帮助，礼物、信息、性满足等方面。在某些情况下，这些欲望明确地显示了希望得到爱的证明的愿望；但在另一些情况下，这种解释并不能让人信服。在后一种情况中，人们会产生这样的印象，即神经症患者只是想要得到某些东西，不论这些东西是不是爱，即使是对爱的渴望，也只是为了勒索某些具体的利益或者好处而披上的伪装。

这些观察让人想到这样一个问题：对物质事物的贪婪是不是普遍存在的基本现象，而对爱的需求只是达到这一目标的一种方式？对于这个问题并没有标准答案。后面我们将会看到，对占有的渴望是对抗焦虑的基本防御手段之一。但是经验也表明，在某些情况下，对爱的需求尽管是主要的防护手段，却很可能受到深深的压抑，很难表现出来。那么，对物质事物的贪婪，可能会持久地或者暂时地替代它的位置。

就爱的作用问题而论，我们可以将神经症患者大致划分为三种类型。在第一种类型中，毫无疑问，神经症患者渴望爱，无论爱以什么形式出现，通过什么方法来获得。

第二种类型的人急于获得爱，但如果他们不能通过某种关系得到爱——通常他们注定要失败，他们并不立即转向另一个人寻求爱，而是干脆远离人群。他们不是试图依附于他人，而是强迫自己依附于某些事物，以致不停地吃东西，或者购物，或者阅读；简单来说，就是不断地获取某种东西。有时候这种变化可能会以非常怪异的形式发生，比如有些人在失恋之后，开始强迫性地吃东西，以致在短时间内体重增加了二三十磅[①]，如果他们重新恋爱，就会减掉这些重量，而当恋爱再次以失败告终的时候，他们的体重又会恢复。有时候我们从患者身上也能观察到同样的情况，对精神分析医生感到深深的失望之后，他们开始强迫性地吃东西，体重增加到很难将他们辨认出来的地步，但当与医生的关系改善之后，体重又会下降。这种对食物的贪婪也可能受到抑制，出现明显的食欲不振，或者某种肠胃消化不良。这一种类型患者的个人关系要比第一种类型的患者受到更加严重的干扰。他们仍然渴望得到爱，他们

---

① 1磅=0.454千克。

仍然敢于去寻求爱，但是任何失望都可能会打断他们与其他人之间的联系。

第三种类型的人因为很早就遭受过严重挫折，所以对任何感情都深感怀疑。他们的焦虑是如此深重，如果没有受到正面伤害，他们就心满意足了。他们对爱持一种玩世不恭、冷嘲热讽的态度，更喜欢满足自己在物质帮助、建议、性等方面的实在愿望。只有当大部分焦虑被释放之后，他们才会渴望爱并欣赏爱。

这三种类型的人的不同态度可以总结为：1.对爱的需求永不知足；2.对爱的需求与一般的贪婪交替出现；3.对爱没有明显需求，只有一般性的贪婪。每一种类型都表明，焦虑和敌意在同时增长。

回到讨论的轨道上来，我们现在必须要考虑一个问题，即对爱的需求永不知足的特殊表现方式是什么？其主要表现乃是嫉妒，以及要求无条件的爱。

神经症患者的嫉妒不同于正常人的嫉妒，后者是对失去对方的爱的危险而产生的一种适当反应，而前者与失去爱的危险程度完全不成比例。神经症患者总是害怕失去对某个人或者某个人的爱的占有，因此某个人拥有的所有东西都会成为潜在的危险。这种嫉妒可以出现在任何人际关系中：对父母而言，嫉妒想要交朋友或者结婚的孩子；对孩子而言，嫉妒父母之间的关系；婚姻伴侣之间互相嫉妒；在任何恋爱关系中也都存在着嫉妒。与精神分析医生的关系也不例外，它表现为对于医生去看另一位患者，甚至仅仅是提到另一位患者，都有一种强烈的敏感。这时他的信念是："你必须专心致志地爱我一个人。"患者可能会说："我知道你对我很好，然而，你可能对别人也一样好，你对我的好就不算什么了。"任何必须与他人分享的感情或者什么东西，在他那里会立即彻底贬值。

这种不正常的嫉妒心理通常被认为是童年时期对于同胞或者父母一方的嫉妒经验造成的。兄弟姊妹之间的竞争如果发生在健康的孩子中间，例如对新生婴儿的嫉妒，如果这个孩子确信没有失去迄今为止所拥有的任何爱和关怀，这种嫉妒很快就会消失，不会留下任何后遗症。根据我的研究经验，之所以在童年时期产生从未被克服的过分嫉妒心理，是由于儿童同样处于如上所述的成年人所处的神经症环境。这时，在这个孩子身上，已经存在一种由基本焦虑导致的对爱的永不知足的需求。在精神分析文献中，儿童的嫉妒反应与成人的嫉妒反应之间的关系在表述时往往含混不清，其表现为将成年人的嫉妒称为儿童嫉妒的"重演"。如果用它来说明一个成年妇女嫉妒她的丈夫，乃是因为她曾经同样嫉妒过她的母亲，似乎是站不住脚的。我们从孩子与父母或者同胞的关系中发现的强烈嫉妒，不是后来嫉妒的根本成因，但它们产生自同一源头。

对爱的需求永不满足，可以以一种比嫉妒更强烈的方式表达出来，即对无条件的爱的要求。这种要求在他的自觉意识中最突出的表现是："我希望被爱是因为我这个人，而不是我正在做什么。"如果是这样，我们可以认为这个愿望没什么出格的。希望我们自己被爱，符合我们每个人的愿望。然而，神经症患者对无条件的爱的要求比正常人对爱的要求苛刻得多，在其极端形式下，这种愿望是不可能实现的。这种对爱的要求，简直不允许有任何条件或任何保留。

首先，这种要求包括一种愿望，即被爱时希望对方不计较自己的任何挑衅行为。把这种愿望作为安全保障是必然的，因为神经症患者心中充满了敌意和过分的要求，因而有着可以理解的和与之相称的恐惧，他害怕如果这种敌意变得明显，对方可能会退缩，或者变得愤怒，或者怀恨在心。这种患者的观点是：爱一个友善的人非常容易，这不算什么，真正的爱应该证明它有忍受任何缺点的能力。

因此，对他来说，任何批评都被认为是对爱的收回。在精神分析治疗过程中，可能会因为医生暗示他必须在性格方面做一些改变，而引发他的怨恨，尽管这个暗示是出于分析治疗的目的，但他把任何这样的暗示视为自己对爱的需求的挫折。

其次，对无条件的爱的神经症要求，包含着一种要求被爱而不予回报的愿望。这个愿望是必然的，因为神经症患者觉得他无法感受任何温暖，或者付出任何爱，而且他也不愿意这么做。

再次，他的要求包含着希望被爱，而不给别人带来任何好处的愿望。这种愿望是必然的，因为如果对方从中获得任何好处或满足，立即会引起神经症患者的猜疑：对方喜欢他只是为了获得好处或满足。在两性关系中，这种类型的人会对对方从两性关系中得到满足而感到不悦，因为这会让他觉得自己被爱只是因为对方要获得这种满足。在精神分析治疗中，患者会对精神分析医生从帮助他们的过程中获得满足感到不悦。他们要么贬低医生给他们的帮助，或者虽然理智上认可医生提供的帮助，但不会对他们产生任何感激之情。或者他们倾向于把任何改善归功于其他原因，如归功于服药，或者归功于一位朋友给他的建议。自然，他们也会对必须支付的费用感到不快。虽然他们理智上承认收费是对医生时间、精力和知识的报偿，但情绪上却认为支付费用证明医生对他们并不感兴趣。这种人往往也不善于给人赠送礼物，因为赠送礼物会让他们难以确定自己是否被爱。

最后，对无条件的爱的要求，包含着要求自己被爱而对方做出牺牲的愿望。只有当对方为神经症患者牺牲了一切，他才能真正感受到确实被爱。这些牺牲可能涉及金钱或时间，也可能涉及信念和个人品行。例如，这种要求包括期望对方即使面临再大的灾难也应该站在自己这一边。有些母亲相当天真地以为，从孩子那里获得任何忠诚和牺牲都是理所当然的，因为她们"辛辛苦苦地生养了他们"。另一些母亲压抑了她们对于无条件的爱的期望，以便能够给孩子提供更多的积极帮助和支持，但是这样的母亲从与她的孩子的关系中难以获得满足，因为就像前面提到的例子，她感觉孩子们爱她仅仅是因为孩子们从她这里得到了那么多，因此，她对于自己给他们提供的一切打心底里感到不悦。

这种对无条件的爱的追求，实际上包含着对所有其他人冷酷无情的漠视，它再清楚不过地显示出在神经症患者所要求的爱的背后隐藏的敌意。

与一般的吸血鬼类型的人——他们会有意识地决心去最大限度地压榨别人相比，神经症患者大概完全没有意识到自己有多苛刻。由于策略原因，他不会有意识地去认识到自己的要求是否合理。没有人会坦率地说："我想让你不求任何回报地为我牺牲你自己。"他必须将他的要求建立在某些有正当理由的基础上，比如说他生病了，因而需要别人为他做出牺牲。不去认识自己的不合理要求的另一个强有力的原因是，这些要求一旦形成就很难放弃，而认识到它们不合理，是放弃的第一步。除了前面提到的基本特征外，这些要求还存在于神经症患者根深蒂固的信念中：他不能依靠自己生存，他所需要的一切必须由别人给予，他生活中的一切责任都放到别人肩上，而不是自己肩上。因此，要使神经症患者放弃自己对于无条件的爱的需求，无异于让他改变对于人生的整个态度。

神经症患者对爱的需求的所有特征都包含一个共同的事实，即神经症患者自己的矛盾心态妨碍了他获取爱的途径。那么，如果部分地满足他的要求，或者完全拒绝他的要求，他的反应会如何呢？

第八章
对冷落的敏感和获得爱的方式

鉴于神经症患者如此迫切地需要爱,然而他们接受爱又是如此困难,我们可能会认为,这些人如果在一个不冷不热的温和的情感氛围中会发展得很好。但是这时出现了另外一种复杂情况:他们对于任何哪怕是轻微的排斥或者拒绝都非常敏感。尽管一种不冷不热的温和的氛围在某种程度上令人安心,但也会被他们视为一种冷落。

要准确描述他们对于冷落的敏感程度比较困难。改变约会时间,不得不等待,不能得到及时回应,与他们意见不合,不顺从他们的愿望等,总之任何不能按照他们的标准满足其要求,都被视为一种冷落。而冷落不仅令他们处于基本焦虑当中，而且会被认为是一种侮辱。因为冷落确实包含着侮辱的成分，它会引起巨大的愤怒，这种愤怒可能会公开爆发出来。比如，一只猫对于女孩的爱抚没有反应，女孩就会变得勃然大怒，并把猫扔到墙上。如果让他们稍等一会儿，他们就会理解成自己在别人眼中无足轻重，别人没有必要对自己准时。这种理解很可能会刺激他们，使敌意爆发，或者导致他们完全收回所有的感情，从而变得冷漠和麻木不仁，尽管几分钟之前他们还在热切期盼着这次会面。

通常情况下，感觉被冷落与产生恼怒之间的联系处于无意识状态。尽管冷落可能非常轻微，以至于没有被意识到，但在这种情况下病人很容易发生恼怒。这时他就会感到暴躁，或者变得充满恶意、怀恨在心，或者感到筋疲力尽、沮丧、头疼，却丝毫意识不到为什么这样。此外，敌意反应不仅会发生在被冷落或者感觉被冷落的情况下，而且还会发生在预料到将要遭到冷落之时。例如，一个人可能会十分生气地提出一个问题，因为他早已预料到自己的这个问题会遭到拒绝。他可能克制自己不给女朋友送花，因为他预料到她会从这份礼物中觉察出里面隐含的动机。出于同样的原因，他可能会非常害怕表达任何积极主动的感情，比如喜爱、感激、赞赏，因此对他自己和他人而言，也显得比实际上更加冷酷、无动于衷。预料到将会遭受女性的冷落，他可能会进行报复，以玩世不恭的态度对待女性。

对冷落的恐惧如果剧烈发展的话，会使一个人避免将自己暴露在任何可能遭到否定的环境中。这种逃避倾向蔓延的范围，可以从买烟时不敢要火柴，到不敢要求一份工作。这些人害怕任何可能性的拒绝，避免接近他们喜欢的男人或女人，除非在接近他们喜欢的男人或女人时绝对不会遭到拒绝。这种类型的男人往往怨恨自己不得不邀请女孩子跳舞，因为他们担心女孩子接受邀请只是出于礼貌；他们认为女人在这方面要比男人优越，因为她们不必采取主动。

换句话说，对冷落的恐惧会导致一系列属于怯懦范畴的严重抑制。怯懦作为一种防御手段，可以防止自己直接面对冷落。不招人喜欢的信念也被用作同样的防御功能。这种类型的人好像在自说自话："不管怎样人们不喜欢我，所以我最好是待在角落里，这样就可以保护自己以免遭到任何可能的冷落。"因而对冷落的恐惧是对爱的渴望的一个严峻障碍，因为它妨碍了一个人被其他人知道自己其实希望得到关注。此外，被冷落的感觉所引起的敌意容易让焦虑保持警觉，甚至得到强化。这是形成难以摆脱的"恶性循环"的一个重要原因。

导致对爱的神经症需求形成恶性循环的各个环节，可以大致罗列如下：焦虑；对爱的过分需求，包括对专一和无条件的爱的需求；由于这些要求没有得到满足而产生被冷落感；对被冷落感产生强烈敌意反应；由于害怕失去爱而必须压抑敌意；因压抑敌意造成愤怒向外扩散的张力；焦虑增强；对获得安全感的需要增强……因而，正是那些用来消除焦虑的方法，反过来又造成了新的敌意和新的焦虑。

恶性循环在我们的讨论语境中具有典型意义，一般来说，它是神经症中最重要的过程之一。任何保护性措施，除了能给人带来安全感，还能制造新的焦虑。为了减轻焦虑，一个人可能饮酒，又害怕饮酒会对自己造成伤害。或者他可能为了释放焦虑而手淫，又害怕手淫会让他生病。或者他可能接受对于自己焦虑的治疗，但很快又会担心治疗会伤害他。恶性循环是严重的神经症注定恶化的主要原因，哪怕外部条件并没有发生任何变化。揭示恶性循环及其内含，是精神分析学的重要任务之一。神经症患者自己掌控不了它们。他只是以感觉的方式注意到它们的后果，觉得自己陷入了绝望的困境之中。这种被困住的感觉是他对无法突破的罗网的反应。任何一条可能性的出路，都会将他拖入新的危险之中。

那么问题就来了，尽管神经症患者身上存在着各种心理障碍，但他们还有哪些获得想要的爱的方式呢？这里有两个实际问题需要解决：一是如何获得必需的爱，二是如何向他自己和别人解释自己对爱的需求是否正当合理。我们可以把获取爱的各种可能方式大略描述如下：笼络收买，乞求怜悯，诉诸公平，以及最后采取威胁手段。当然，这种分类如同列举心理因素一样，并不是严格的划分，而仅仅是大体概括。这些不同方式之间并不互相排斥。根据所处情境和整体性格结构，以及敌意的强烈程度，它们中的几个可以同时或者交替使用。实际上，从列举的四种获得爱的方式的排列顺序中，我们能够看出敌意程度在不断增加。

当神经症患者企图通过笼络收买的方式来获得爱的时候，他的信念可以描述为："我深深地爱着你，因而作为回报，你也应该爱我，并且为了我的爱放弃一切。"在我们的文化中，事实上这种策略更经常的为女性而不是男性所使用，这是由女性生活的环境造成的。几个世纪以来，爱不仅是女性的特殊生活领域，而且事实上一直是她们能够获得愿望实现的唯一或者主要的途径。男人在成长过程中坚信，如果他们想要取得进步，就必须在生活中有所成就。女人则相信，通过爱，而且只有通过爱，她们才能获得幸福、安全感和名望。这种文化立场的差异对男人和女人的心理发展产生了极其重要的影响。在现在的语境中讨论这种影响是不合时宜的，但它的影响结果之一是，在神经症中女人比男人更频繁地将爱作为一种策略。与此同时，这种爱的主观信念又可以用来为提出要求的合理性做辩护。

这种类型的人会处于一种特殊危险之中，即他们会严重依赖恋爱关系。设想有一个对爱有着神经症需求的女人缠着一个相同类型的男人，只要她向他靠近，他就会退缩；女人对这种拒绝做出强烈的敌意反应，然而因为害怕失去他，她不得不抑制敌意。如果是她退缩，他又会反过来追求她讨她的欢心。接着她不仅压抑她的敌意，还会用一种强化的夸张的爱来掩盖敌意。她将再次被拒绝，再次做出敌意反应，最终再次产生强烈的爱。如此一来，她就会逐渐相信她被一种不可征服的"强烈的爱"所支配。

另一种可能被认为是笼络收买形式的手段是，试图通过理解一个人，在精神上或者职业发展上支持他，帮助他解决困难，诸如此类，来赢得对方的爱。这种手段为男人和女人所通用。

获得爱的第二种方式是乞求怜悯。神经症患者会靠他遭受的痛苦和无助引起他人的注意，这里的信念是："你应该爱我，因为我正在受苦并且无助。"与此同时，遭受的痛苦也成为他提出过分要求的正当理由。

有时这种诉求会以非常公开的方式表达出来。患者会表明自己是最严重的病人，因而最有权利得到精神分析医生的关注。他可能会蔑视看上去显得比较健康的其他患者。他也憎恨比他更成功地使用这种策略的其他患者。

在乞求怜悯的过程中，可能或多或少的夹杂着敌意。神经症患者可能单纯地乞求我们心地善良，或者通过采用极端的方式索求帮助，比如将自己置于一种悲惨境地，迫使我们来帮助他。任何一个在社会或医务工作中接触过神经症患者的人，都知道这种策略的重要性。以实事求是的方式解释他所面临的困境的神经症患者，和通过戏剧性方式展示他的惨相以设法唤起他人怜悯的神经症患者，两者之间有着很大的不同。我们会在所有年龄段的孩子身上发现相同的趋向以及变化：儿童既可以通过展现一些惨相希望得到安慰，也可以通过无意识地形成一种让父母感到可怕的情境，比如无法进食或者无法排尿，从而引起父母的注意。

诉诸怜悯的方式有一个假定条件，即确信自己不能以任何其他方式获得爱。这种信念可以将对爱的普遍不相信合理化，或者采取这样一种信念：在特定情况下，除了乞求怜悯，爱不能以其他任何方式获得。

在获得爱的第三种方式——诉诸公平中，其信念可以描述为："我已经为你做了这些，你将为我做些什么呢？"在我们的文化中，母亲经常强调她们为孩子付出了很多，孩子有义务始终对她们忠诚、孝敬。在恋爱关系中，答应别人的求爱，可以用来作为日后提出要求的资本。这种类型的人往往随时热心地准备着为别人服务，心里期望能够得到他所希望得到的一切作为报答，如果别人不愿意同样为他效劳，他就会感到非常失望。在这里我指的不是那些精于算计的人，而是那些对可能的回报没有任何期望值的人。他们这种强迫性的慷慨，也许可以更准确地描述为一种把戏。他们为别人所做的，正是他们想要别人为他们所做的。失望带来的异常强烈的刺激，表明恰恰是期待回报的心理在起作用。有时候他们在心里保存着一本账簿，在上面记录了过多认为是为别人做出了牺牲然而实际上没有任何用处的账目,比如为别人着想整晚躺在床上睡不着觉,但他们总是尽量缩小甚至忽略别人为他们所做的事,从而歪曲了事实,以致认为他们有权要求别人的特殊关照。这种态度反过来会对神经症患者自身产生影响,他可能变得极其害怕欠别人的情。由于本能地以己度人,他会害怕如果接受了别人的任何帮助,别人可能会因此而利用自己。

诉诸公平的方式也可以建立在这样的心理基础之上:如果有机会,我将十分乐意为别人效劳。神经症患者会指出,如果他站在别人的位置,他会多么地爱别人或者做出自我牺牲。他认为他的要求是正当合理的,因为他对别人的要求并不比他为别人所做的更多。实际上,神经症患者这种自我辩护心理比他自己意识到的要错综复杂。他对自我品性的描述,主要是他不自觉地把对别人要求做到的事情想象成是他自己的做法。但这并不完全是一种欺骗,因为他确实有着某些自我牺牲的倾向,这种倾向产生的原因是缺少自我主张,以弱势者自居,他有一种想要别人对待他就像他对待别人一样宽容的想法。

诉诸公平的方式包含着敌意,当对所谓的伤害提出赔偿要求的时候表现得最为明显。此时神经症患者的信念是:

"你让我受苦，或者伤害了我，因而你有责任帮助我、照顾我，或者支持我。"这种策略与创伤性神经症患者使用的策略类似。我个人对于创伤性神经症没有研究经验，但我想知道患有创伤性神经症的人是否属于这一类型，他们是否会利用受到的伤害作为在任何情况都有可能提出赔偿要求的理由。

我举几个例子来说明神经症患者如何唤起别人的负罪感或者责任感，以便使得他自己的要求看起来是正当的。一个妻子因为丈夫的不忠而生病了，她没有表示任何责备，她甚至没有意识到要去责备，但是她的疾病暗示的就是一种活生生的责备，其目的是唤起她丈夫心中的负罪感，使他愿意把他所有的注意力都投入到她身上。

另一位此种类型的女性神经症患者有着强迫症和歇斯底里的癔症症状，有时候她会坚持帮她的姐妹们做一些家务。一两天之后，她会因为姐妹们接受了她的帮助而不禁十分恼怒，她不得不躺在床上，症状不断加重，从而迫使姐妹们不仅要她们自己料理家务，而且要付出更多的劳动来照顾她。同样，她以身体状况的损害表示了谴责，从而向其他人提出赔偿要求。这个人曾经在她的一个姐妹批评她时突然晕倒，以此表示她的怨恨，并强迫对方给她以同情。

我的一位病人在接受分析治疗的某段时期，病情变得越来越糟糕，并且产生了幻想，觉得分析治疗除了会抢走她的所有财产之外，还会让她崩溃，因此她认为将来我有义务照顾她的一切。这种反应在各种医学治疗过程中比较常见，而且常常伴随着对医生的公开威胁。在比较轻微的程度上，如下面的情形经常发生：当医生外出度假时，病人的症状会出现明显加重；他会或明或暗的宣称，其病情恶化是医生的过错，因此他有特殊权利要求得到医生的关照。类似这样的例子在日常生活中非常多见。

正如这些例子所表明的，这种类型的神经症患者愿意付出痛苦的代价，甚至是剧烈的痛苦代价，因为那样他们就能够在自认为保持公正的情况下表达责难和提出要求，然而他们并没有意识到自己正在这样做。

当一个人使用威胁作为获取爱的策略时，他可能会威胁到他自己或者对他人构成伤害。他会以某种不顾一切的方式相威胁，比如败坏他人名誉，或者对他人、对自己施以暴力，以自杀相威胁，甚至企图自杀，这些都有熟悉的例子。我的一个病人就是通过这种威胁方式连续得到了两任丈夫。当第一个男人做出将要退缩的表示时，她选择在城市人多显眼的地方跳进了一条河里。当第二个男人似乎不愿意结婚的时候,在确信能被及时发现的情况下,她拧开了煤气阀。她的意图很明显,就是为了证明没有这样的一个男人她就活不下去。

由于神经症患者希望通过威胁手段来获得别人对他的要求的认可,因此只要还有希望达到他的目的,他就不会实施这些威胁。但是如果他失去了这种希望,他就会在绝望和仇恨的压力下实施威胁。

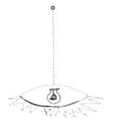

第九章

性欲在爱的神经症需求中的作用

对爱的神经症需求通常表现为性迷恋或者永不满足的性饥渴。鉴于这一事实，我们不得不提出这样一个问题：对爱的神经症需求这一现象，是不是由性生活的不满足导致的？神经症患者对爱、交往、赞赏、支持等的所有渴望，与其说是出于对安全感的需要，不如说是由得不到满足的力比多激发？

弗洛伊德倾向于这样看问题。他发现很多神经症患者都急于依附他人，并倾向于抓住不放。他把这种倾向解释为性欲得不到满足造成的结果。然而，这一设想是以一定的前提条件作为基础的，它假定所有那些本身与性无关的临床表现，比如希望得到建议、赞许或支持，都是淡化的或"升华"的性需求的表现。甚而它还假定温情是受到抑制的或者得到"升华"的性冲动的表现。

这些假设都是未被证实的。爱情的感觉、温情的表达与性欲之间的联系并不像我们通常想象的那么紧密。人类学家和历史学家告诉我们，个人的爱是文化发展的产物。布里夫认为，性欲与残忍的联系比性欲与温情的联系更为紧密[①]尽管他的说法不太令人信服。然而，通过从我们的文化中所做的观察可以知道，没有爱或者温情，性欲可以存在，没有性欲，爱或者温情也可以存在。例如，没有证据可以表明母亲和孩子们之间的温情具有性欲性质。我们所能观察到的是性因素可能存在，这也是弗洛伊德的发现。我们注意到温情和性欲之间存在着许多联系：温情可能是性欲的前奏，一个人可能有性欲但只能感觉到温情，性欲可以激发或者转化为温情。尽管温情和性欲之间的这种转化明确地表明了两者之间的密切关系，不过我们最好还是小心谨慎一些，宁可假定存在着两种不同种类的感觉，它们可能吻合、互相转化或者互相取代。

---

① 罗伯特·布里夫：《母亲》，伦敦、纽约，1927年版。

何况，如果我们接受弗洛伊德的假设，未得到满足的性欲是追求爱的驱动力，那么就很难理解，为什么从生理角度来看性生活完全满足的人同样有着对爱的渴望及其全部并发症表现——占有欲、无条件的爱、感觉不被需要，等等。毫无疑问，这样的情况确实存在，所以结论自然就是：未得到满足的性欲不能解释这些现象，导致这些现象的原因在性领域之外。[1]

最后，如果对爱的神经症需求仅仅是一种性欲现象，我们就无法理解它所涉及的占有欲、无条件的爱、被拒绝的感觉等各种问题。的确，这些问题都已经被发现并作过详细描述：比如嫉妒可以追溯到同胞竞争或者俄狄浦斯情结，无条件的爱可以追溯到口唇欲望，占有欲被解释为肛门性欲，等等。但是人们始终没有意识到，我们在前几章描述的所有态度和反应，事实上属于同一范围，它们是一个总体结构的组成部分。如果认识不到焦虑是隐藏在爱的需要背后的动力，我们就不能准确理解使得这种需要增强或者减弱的条件。

---

[1] 像这样在精神方面有着明确的紊乱，同时具备获得充分性满足的能力的病例，对于一些精神分析医生来说，始终是一个谜，但是它们不符合力比多理论这一事实并不能阻止它们的存在。

借助弗洛伊德独创的自由联想方法,在精神分析过程中,对焦虑和对爱的需求之间的关系做到精确观察,特别是注意到神经症患者对爱的需求的波动变化,是可能的。经过一段时间的通力合作和建设性工作,病人可能会突然改变自己的行为,要求占用医生的时间,或者渴望得到医生的友谊,或者盲目地崇拜医生,或者变得极其嫉妒,占有欲强,敏感于在医生眼里自己"只是一个病人"。与此同时,焦虑也会增加,或者表现在梦境中,或者感觉匆匆忙忙的,或者表现为诸如腹泻、尿频等身体症状。病人没有意识到焦虑的存在,或者没有意识到他对医生的日益依恋是由他的焦虑决定的。如果医生发现了这种联系,并且跟病人做出解释,他们会共同发现,在病人依恋医生的问题突发之前,病人的焦虑已经激发。例如,他可能会把医生的解释看作不公平的指责或羞辱。

这一连串的反应大概是这样的:一个问题出现,对这个问题的讨论激起了病人对医生的强烈敌意;病人开始憎恨医生,梦中希望医生死掉;他随即压抑了自己的敌意,变得非常害怕,出于安全需要而依附医生;当这些反应完成之后,敌意、焦虑以及随之增强的对爱的需要,就会退居幕后,逐渐淡化。作为焦虑的后果,对爱的需求的增强如果几度反复出现，那我们大可以放心地将它作为一个警报信号，表明某些焦虑已经接近浮出水面，病人需要安抚了。这里描述的反应过程并不局限于精神分析过程，同样的反应也会发生在私人关系中。例如在婚姻关系中，一个丈夫可能会强迫自己依恋自己的妻子，嫉妒她，想要占有她，将她理想化并赞美她，尽管在内心深处他憎恨她、惧怕她。

将建立在潜藏的仇恨之上的浮夸的忠诚称为"过度补偿"，是不无道理的，只是我们要知道这个术语仅仅给出了一个大致的描述，并不涉及其动态过程。

如果由于上面提到的种种原因，我们拒绝接受对爱的需求的性欲病因学解释，那么就会产生这样的疑问：对爱的神经症需求有时与性欲结合在一起是否只是偶然的，或者只是看起来像是一种性欲？或者是否存在着某些条件，在这些条件下，对爱的需求会以性的方式被感受到并表达出来？

在某种程度上，对爱的需求是否会以性的方式表达出来，取决于外部环境是否有利于它的表现。它在某种程度上也取决于文化、生命活力和性气质等方面的差异。最后，它取决于一个人的性生活是否尽如人意，因为如果性生活不满意的话,与那些拥有满意的性生活的人相比,更容易以性的方式做出反应。

尽管所有的这些因素都是显而易见的,并且对个人的反应有着明确的影响,但它们还不足以说明个体之间的基本差异。在一定数量的显示出对爱的神经症需求的人群中,这些反应往往因人而异。因此,我们发现有些人在与他人接触时,几乎是强迫性地立即表现出或多或少不同程度的性倾向,而另一些人的性兴奋或者性活动保持在正常的感受和行为范围之内。

属于前一类型的第一种人,他们容易从一种性关系滑向另一种性关系。对这种性反应的进一步深入认识表明,当缺少性关系或者看到不能马上获得性关系的机会时,他们就会感到不安全,缺乏保护,其行为举止表现得非常古怪。属于同一类型的第二种人,存在着较多抑制倾向,是一些实际上没有什么性关系的男人和女人,不管他们是否感到自己被对方特别吸引,都在他们自己与其他人之间制造出一种情爱氛围。最后,属于这一类型的第三种人,在性上仍然有较多抑制,但他们很容易产生性兴奋,总是情不自禁地从任何男人或女人那里寻找可能的性对象。在最后一类人中,强迫性手淫可能会替代性关系。

就获得身体满足的程度而论，同一类型中的这几种人存在着很大的差异。除了他们的性需求具有强迫性外，这种类型的人的共同点是，在选择性伴侣时明显不加区别。他们具有相同的性格特征，这一点在我们考察神经症患者的神经症需求时已经讨论过。另外，我们会为这两种类型的人之间的差异感到惊讶：对爱有神经症需求的人准备发生事实上的或者想象中的性关系的意愿，以及他们与他人之间情感关系的紊乱程度，比受到基本焦虑纠缠的一般人更严重。这些人不仅不相信爱情，而且即使给他们爱情，他们实际上也会变得深感不安——或者说，对于男人来说，他们可能更加容易阳痿。他们可能会意识到自己具有防御倾向，或者他们倾向于怪罪他们的性伴侣。在后一种情况下，他们坚信他们从来没有遇到过一个讨人喜欢的女人或者男人。

性关系对他们来说不仅意味着性饥渴的缓解，而且是其与人交往的唯一方式。如果一个人已经形成了这样的信念，即对他来说，如果获得爱几乎毫无可能，那么身体接触就可以成为情感关系的替代物。在这种情况下，性行为即使不是唯一的，至少也是通向与他人建立联系的主要桥梁，因而具有了无法比拟的重要性。

在有些人那里，缺乏选择意味着对于潜在性伴侣的性别不加区分，他们会积极地寻求两性关系，或者会被动地屈服于性要求，不管这些要求是来自异性还是同性。在这里，我们对积极寻求两性关系这种类型不感兴趣，尽管他们也把性行为用于建立人际交往关系，否则他们很难获得这种关系，但是其诱发动机不是出于对爱的需要，而是出于征服他人的野心，或者更确切地说，是为了制服他人。这种愿望可能非常迫切，以至于性别差异变得相对不重要了。在他们看来，男人和女人都必须被征服，不管是以性的方式还是其他方式。但是第二种类型的人，他们倾向于屈服于来自异性和同性的性要求，被没完没了的爱的需求所驱役，尤其是害怕由于拒绝性要求或者出于保护自己的目的拒绝他人，而失去对方，不管对方的要求是正当的还是不正当的。他们不愿意失去对方，因为他们强烈地需要与他人接触往来。

用"双性恋"来解释与两性之间关系的不加区别，我认为是一种误解。在这些案例中，没有迹象表明存在着对于同性的真正偏爱。一旦健康、完全的自信取代了焦虑，看似同性恋的倾向就会消失，正如对异性不加选择的倾向也会消失一样。

关于双性恋的说法，也可以用来解释同性恋问题。事实上，在所谓的"双性恋"和明确的同性恋之间存在着许多中间状态。在后者的病史中，有确定的原因用来解释为什么一个人拒绝将异性作为性伴侣。当然，同性恋问题太过复杂，难以仅仅从一个角度去理解。在这里，我只能说我还没有看到一个同性恋，在他身上不存在导致"双性恋"发生的那些因素。

在过去几年里，一些精神分析作者指出，由于性兴奋和性满足是缓解焦虑和压抑等精神紧张的方式，性欲可能会因此而加强。这种机械的解释有一定的道理。但是我相信，其中也存在着从焦虑到性欲增强的心理过程，认识这些过程也是可能的。这种判断的依据，一是基于精神分析上的观察，二是结合他们在性领域之外的性格特征，研究这些病人的病史。

这种类型的病人可能从一开始就狂热地迷恋精神分析医生，急不可耐地要求某种爱的回馈。或者他们在精神分析过程中保持善解人意的平静态度，将他们对性亲密的需求转移到某个局外人身上，将他当作替代品。事实证明，这个人与医生非常相像，或者他们在梦中等同。也许这种病人希望与医生建立性关系的需求只是出现在梦境中，或者出现在与医生面谈时的性兴奋状态中。病人常常对这些确定无疑的性欲迹象感到十分惊讶,因为他们既不觉得自己被医生所吸引,也无论如何不喜欢他。事实上,从医生身上散发出来的性吸引力并没有发挥到可以被觉察的地步,这些病人的性气质也不比其他人更加强烈或者不可控制,他们的焦虑也不比其他患者更多或者更少。他们的不同之处是,对任何真正的爱都抱有深深的不信任感。他们坚信,医生对他们感兴趣只是居心不良,果真如此的话,在内心深处医生是蔑视他们的,并且很可能会给他们带来伤害而不是好处。

由于神经症病人高度敏感,怨恨、愤怒和猜疑的反应会出现在每一次精神分析中,不过对于有着特别强烈的性需求的病人,这些反应使他形成了一种持久的、顽固的态度。它们让精神分析看起来好像是摆在医生和患者之间的一堵无形而又难以逾越的高墙。当面对自身存在的这些焦虑时,他们的第一冲动是放弃,中断精神分析治疗。他们在精神分析中表现出来的样子,是他们在日常生活中所作所为的精确复制。两者之间的区别在于,在精神分析之前,他们认识不到自己的个人关系实际上是多么的脆弱和错乱,而他们很容易卷入性关系之中的事实只能使他们混淆实际情形，并令他们相信，他们乐意与他人建立性关系，意味着总体上拥有良好的人际关系。

我提到的这些倾向经常频繁地同时出现。每当病人在开始精神分析治疗的时候表现出对医生的性欲望、性幻想或者做与医生有关的梦，我就会在他的个人关系中发现特别严重的失衡。与所有这方面的观察结果一致的是，这种倾向与精神分析医生的性别关系不大。先后接受过男医生和女医生治疗的神经症患者，对两者有着几乎完全相同的反应。因此，在这样的情况下，如果相信病人在梦中或者其他方面表现出来的同性恋愿望这一表面现象，可能会犯严重的错误。

总的来说，就像"闪闪发光的不一定都是金子"，同样"看起来像是性欲的东西也不一定都是性欲"。很大一部分看上去像是性欲的现象，实际上与性欲没有多少关系，而是渴望安全感的一种表达。如果不考虑这一点，必然会高估性欲的作用。

因那些未被察觉到焦虑压力而性欲增强的人，人们往往天真地把性欲的强度归因于天生性质，或者归因于思想解放，不受传统老套的禁忌的限制。这样做，就会犯与高估自己睡眠需求的人同样的错误，他们误认为自己的体质，需要十个小时或者十个小时以上的睡眠，然而实际上他们旺盛的睡眠需求可能是由各种被压抑的情绪决定的，因为睡眠可以作为摆脱焦虑的一种手段。同样的情况也适用于强迫性进食或者喝酒。吃、喝、睡、性行为，所有这些构成了生命的需要。它们的强度不仅随着个人的体质发生变化，而且可以随着许多其他条件发生变化，比如气候，有没有其他方面的满足，有没有外部刺激，工作的艰辛程度及现有的身体状况如何等。但是，所有的需求也可能因为一些意识不到的因素而增加。

性欲与对爱的需求之间的联系，也有助于揭示禁欲问题。禁欲的忍受程度因文化和个人而异。就个人而言，它可能取决于各种心理和生理因素。但是，一个为了减轻焦虑而需要性行为作为宣泄方式的人，是特别不能长期忍受禁欲的，即使是短暂的禁欲。

这些考虑促使我们对性在我们文化中扮演的角色进行反思。我们倾向于用某种自豪和满意心情看待我们对于性的自由态度。诚然，自维多利亚时代以来，情况已经有了一些更好的改变。在性关系上我们有了更大的自由，对于性满足有了更多的能力。后一点对女性而言尤其如此，性冷淡不再被认为是女性的正常状态，而被普遍认为是一种缺憾。然而，尽管有了这些变化，但进步并不完全如我们想象的那样影响深远，因为今天的大量性行为更多是精神紧张的一种发泄，而不是真正的性冲动或性驱力，因此它应该被认为是一种镇静剂，而不是真正的性享受或者性快乐。

同样，文化情境在精神分析的概念当中也有反映。这是弗洛伊德的伟大成就之一，他为赋予性欲应有的重要性做出了相当大的贡献。然而在细节上弗洛伊德的观点尚有欠缺，许多所谓的性取向现象，实际上是复杂的精神状况的表现，主要是对爱的神经症需求的表现。例如，对精神分析医生的性欲望，通常被理解为对父亲或者母亲性迷恋的翻版，但它们通常根本不是真正的性欲望，而是为了减轻焦虑寻求某种安全感。的确，病人常常谈到一些幻想或者梦境，例如希望躺在母亲的怀抱里，或者返回子宫，显示了对父亲或者母亲的"移情作用"。但是，我们不应忘记，这种显而易见的移情作用可能只是一种为了得到爱或者庇护的当前愿望的表达形式。

即使这种对于医生的欲望被理解为对于父亲或者母亲的类似欲望的直接重演，也不能证明幼儿对父母的依赖本身就是一种真正的性依赖。大量证据表明，在成年神经症患者身上，所有被弗洛伊德描述为俄狄浦斯情结的特征，在童年时期可能是存在的，但是这种情况并不像弗洛伊德假定的那样经常发生。正如我已经提到的，我相信俄狄浦斯情结不是一个原始欲望行为，而是由不同类型的多种行为综合作用的结果。它可能是孩子的一种相当简单的反应，或者因父母给予的带有微弱的性表示的爱抚引起，或者因孩子目睹性场景引起，或者因父母一方使孩子成为盲目挚爱的对象引起。另外，它可能是相当复杂的行为过程的结果。正如我已经说过的，在那些为俄狄浦斯情结的生长提供了肥沃土壤的家庭环境中，孩子心中通常会激发许多恐惧和敌意，对它们的抑制导致了焦虑的发生和发展。在我看来，在这些案例中，俄狄浦斯情结很可能是由于孩子为了寻求安全感而依附于父母一方而产生的。事实上，如弗洛伊德曾经描述的那样，获得充分发展的俄狄浦斯情结显示了对爱的神经症需求的特征的所有倾向，比如对无条件的爱的过分要求、嫉妒、占有欲，因为遭到拒绝而怨恨，等等。在这些病例中，俄狄浦斯情结并不是神经症的根源，其本身不过是神经症的一种形式。

第十章

追求权力、名望和财富

在我们的文化中,对爱的追求是一种经常被用来对抗焦虑以获得安全感的方式。对权力、名望和财富的追求则是另外的方式。

或许我应该解释一下,为什么我要把追求权力、名望和财富作为同一个问题的不同方式单独拿出来讨论。具体来说,一个人性格的主导倾向是否朝着这些目标的一个或者另一个发展,无疑存在着很大的差异。神经症患者在对安全感的追求过程中,哪个目标占据上风,取决于外部环境以及个人天赋和心理结构上的差异。我把它们视为一个整体,是因为它们有一些共同点,能使它们与对爱的需求区别开来。赢得爱,意味着必须通过强化与他人的联系获得安全感,而对权力、名望和财富的追逐,则意味着可以通过弱化与他人的联系来巩固他的地位,从而获得安全感。

取得统治地位、赢得名望、获得财富的愿望,本身当然不是一种神经症倾向,就像对爱的渴望本身不是神经症一样。为了理解神经症在这一方面追求的特征,应该将其与正常人的追求进行比较。例如,对一个正常人来说,拥有权力的感觉是意识到自己的力量比别人更优越而产生的,不管这种力量是体力还是技能、智力、思想成熟与智慧。另外,对权力的追求可能与某些特定的原因有关:家庭、政治或专业团体、祖国、某种宗教或科学思想等。但是,对于权力的神经症追求源于焦虑、仇恨以及自卑感。直截了当地说,对权力的正常追求源于力量,而神经症追求则源于虚弱。

同样,文化因素也应该考虑进去。个人权力、名望和财富并不是在每一种文化中都发挥作用。例如,在普韦布洛印第安人(Pueblo Indians)那里,追求名望绝对不被提倡,个人财产的多少只有很小区别,因此争名夺利也就不怎么重要。在那种文化中,追求任何统治地位作为获得安全感的手段,是毫无意义的。在我们的文化中,神经症患者选择这种方式的原因在于，在我们的社会结构中，权力、名望和财富能够给人带来更安全的感觉。

考察造成追求这些目标的条件，很明显，通常只有在证明不可能通过爱来对抗潜在的焦虑以找到安全感时才会发生。我将举一个例子来说明，当对爱的需求遭到挫败时，这种追求是如何通过以实现野心的方式发展起来的。

一个女孩非常爱慕比她大四岁的哥哥。他们曾经沉湎于或多或少带有一些性色彩的温情之中，但是当女孩八岁的时候，她的哥哥突然拒绝了她，并指出他们现在已经长大成人，不能再那样玩了。这次经历后不久，这个女孩在学校里突然产生了强烈的野心。这当然是由于她在对爱的追求过程中遭到失败造成的，在这种情况下，她变得更加痛苦了，因为这个孩子没有多少人可以依靠。父亲对孩子们漠不关心，母亲显然更喜欢她的哥哥。但她感受到的不仅仅是绝望，还有对她自尊心的可怕打击。她没有意识到，哥哥态度的改变只是因为他的青春期将近。因而她感到羞愧和屈辱，何况她的自信心从来就是建立在极不安全的基础上的。她的母亲原本就不喜欢她，她自我感觉无足轻重，而她的母亲是一个非常漂亮的女人，被所有人啧啧称羡。此外，她的哥哥不仅被母亲偏爱，而且得到了母亲的信任。

父母的婚姻并不幸福，母亲总是向哥哥倾诉自己的所有烦恼。因此，女孩感觉自己完全被忽略了。为了得到她需要的爱，她又做了一次努力尝试：就在她和哥哥的那次痛苦经历之后不久，她在一次旅行中遇到了一个男孩，并且爱上了他，她兴高采烈，开始编织关于这个男孩的美好幻想。然而当他从她的视线中消失之后，她因这次失望再一次感到沮丧。

正像在这种情境中经常发生的那样，父母和家庭医生把她的精神状况归因于她在学校里上的年级太高了。他们把她带离学校，把她送到一个避暑胜地去消闲，然后把她送进比以前低一年级的班级。正是在九岁的时候，她表现出了一种性格上全然不顾一切的野心。在班级里如果不拿第一，她就不能忍受。与此同时，她与其他女孩之间原本友好的关系也明显恶化。

这个例子说明了导致神经症野心产生的典型因素：因为她觉得自己不受欢迎，从一开始就没有安全感，所以她产生了相当大的反抗情绪，但是由于家庭中的主要人物——她的母亲要求她对自己盲目崇拜，这种反抗情绪无法表达出来；被压抑的仇恨产生了大量的焦虑；她的自尊一直没有机会得到发展，她被羞辱了好几次，与哥哥的经历让她感到了切切实实的侮辱；她试图把寻求爱作为获得安全感的方式，最后也失败了。

对权力、名望和财富的神经症追求，不仅用来作为对抗焦虑的防护措施，而且也是受到压抑的敌意得以宣泄的途径。我将首先讨论每一种神经症追求是如何为对抗焦虑而提供了特殊保护，然后再讨论被用来释放敌意的特殊方式。

首先，对权力的追求可以被用来作为对抗无能为力感的防护措施，我们已经知道无能为力或无助感是焦虑中的基本要素之一。神经症患者非常厌恶自己身上出现的任何无能为力感或者软弱的迹象，他会设法避开在正常人看来司空见惯的情境，比如接受任何指导、建议或者帮助，对他人或者环境的依赖，对他人让步或者同意他人的意见。这种对于无能为力感的反抗，不是以其全部力量立刻爆发出来，而是逐渐增强；神经症患者越是感到自己确实被受到的抑制所阻碍，他就越是不能确实地坚持自己的主张。事实上，他越是变得软弱，他就越是焦躁不安地想要避免任何与软弱有一点点相似的东西。

其次，对权力的神经症追求可以用来作为一种保护措施，以免遭自我感觉微不足道或者被人们视为微不足道的危险。神经症患者对自己的实力形成了一种顽固的、荒谬的想象，这使他相信自己应该能够掌控一切，无论是多么困难的处境，而且应该能够立即驾驭它。这种想象与自尊心联系起来，结果神经症患者不仅把软弱视为一种危险，而且是一种耻辱。他把人分为"强者"和"弱者"，钦佩前者，鄙视后者。对于他认为软弱的方面，他态度极端。他或多或少地蔑视所有同意他的或者顺从他的愿望的人，蔑视那些心中有种种禁忌或者不能严格控制他们的情感、总是显示出一副无动于衷的表情的人。同时，他也瞧不起他自己身上的这些品性。如果他不得不承认自己身上存在着焦虑或者抑制，他会感到耻辱，如此一来他会为自己有神经症而鄙视自己，并急于将这个事实作为秘密掩藏起来。他还为无法独自应对这些问题而鄙视自己。

对权力的追求所采取的这些特殊形式，取决于权力缺乏是不是他最恐惧或者最被人看不起的事情。我将谈到一些关于这种追求的特别常见的表现形式。

其中之一是，神经症患者往往既希望控制或者支配别人，也希望控制自己。他不希望任何不是由他发起或者经他赞同的事情发生。这种对控制的谋求可能采取淡化的形式，有意识地允许他人拥有充分的自由，但必须知道别人所做的一切事情，如果有什么事情对他隐瞒，他就会勃然大怒。这种控制他人的倾向也可能会受到严重压抑，不仅他自己，甚至他周围的人都会相信，他在允许他人享有自由方面非常慷慨大度。然而，如果一个人彻底地压抑自己的控制欲望，甚至每当别人与其他朋友约会或者到他家赴约竟然迟到的时候，他就会变得沮丧，或者产生严重的头疼或者胃部不适。由于不知道生理失调的原因，他可能将其归咎于天气状况、错误饮食或者类似毫不相关的原因。实际上，许多表面上好像是好奇的心理都是由试图控制一切的隐秘愿望造成的。

而且，这种类型的人总是希望自己永远正确，一旦被证明是错误的，即使只是在一个无关紧要的细节上，他们也会变得恼怒。他们必须比其他任何人更了解一切，这种态度有时候会明显得令人尴尬。这些人在其他方面可能很严肃，值得信赖，但是当面对一个他们不知道答案的问题时，可能会不懂装懂，还可能会编造出一些答案，尽管在这个特殊问题上即使显得无知也不会有损声誉。有时候，他们会强调需要提前知道即将发生的事情，预见或者预卜每一种可能性。这种态度可能伴随着对任何涉及不可控因素的情况的厌恶，不愿意冒任何风险。对自控能力的强调，表现为讨厌被任何感情牵着鼻子走。一个神经症女人从一个男人那里感受到吸引力，如果他爱上了她，这种吸引力可能会突然变成对这个男人的蔑视。这种类型的病人往往很难让自己徜徉于自由联想，因为那意味着失去控制，并使自己被带到未知的领域。

神经症患者追求权力倾向的另一个特点，是希望一切都听从他的意愿。如果别人不是完全按照他希望的方式以及在他希望的时间做事情，对他来说，可能是让他异常恼怒的根源。不耐烦的态度与上述追求权力的态度密切相关。任何形式的延误、被迫等待，甚至只是为了等交通信号灯，都将成为他火冒三丈的原因。通常情况下，神经症患者意识不到他那种发号施令、指挥一切的态度，或者至少意识不到它对自己的影响程度有多大。不承认它，不改变它，这当然符合他的利益，因为它对自己具有重要的保护功能。同样也不应该让别人承认它，因为一旦别人承认了，他将有失去他们的爱的危险。

这种不自觉的态度对恋爱关系来说有着重要影响。如果恋人或者丈夫没有完全达到她的期望，假如他迟到了，没有打电话，或者有事外出了，一个神经症女人就会觉得他不爱她。她没有意识到，她的这种感受是对她自己模糊不清的愿望未能得到对方顺应的一种显而易见的愤怒反应，她把这种情况解读为自己不受欢迎的证据。在我们的文化中，这种谬误的确非常常见，它在很大程度上构成了不被人需要的感觉，在神经症中这往往是一个决定性因素。一般来说，它是从父母那里学来的。一个专横的母亲，对孩子不服从自己感到怨恨，她会相信并且宣称是孩子不爱她。在这种心理基础上经常会产生一种奇怪的矛盾现象，它几乎可以挫败任何爱情关系。神经症女孩不会爱一个"软弱"的男人，因为她们藐视任何软弱；但是她们也应付不了一个"强势"的男人，因为她们希望她们的伴侣总是顺从自己。因而，她们内心深处寻找的是一个英雄、一个超强的男人，同时他们有时会非常软弱，以至于会毫不犹豫地屈从于她们的所有愿望。

追求权力的另一种态度是永不屈服或让步。赞同一种观点或者接受建议，即使它们是正确的，也会被神经症病人认为是一种软弱，哪怕只是产生这样做的想法，也会激起逆反心理。顽固坚持这种态度的人，出于对屈服的全然恐惧，往往矫枉过正地强迫自己采取相反的立场。这种态度最常见的表现方式是神经症患者坚持认为，这个世界应该适应他，而不是让他适应这个世界。在精神分析治疗中，其中的一个基本困难就来自这一点。对病人进行精神分析治疗的最终目的，并不是为了获得知识或者洞察力，而是利用这种洞察力来改变他的态度。尽管认识到这种改变会对他自己有利，这种类型的神经症患者仍会厌恶做出改变，因为对他而言这意味着最后的让步。无法做到这一点，对恋爱关系也有影响。因为爱情，不管它可能意味着什么，总是意味着屈服，顺从恋人，对自己的感情做出让步。不管是男人还是女人，越是不能做出让步，他的爱情关系将越是不能令他感到满意。同样的因素也与性冷淡有关，因为获得性高潮的前提正是这种完全放弃自我的能力。

我们明白了追求权力对恋爱关系造成的这种影响，能够让我们更全面地理解对爱的神经症需求的含义。如果不考虑到追求权力在恋爱关系中所起的这部分作用，就不能完全理解与对爱的追求相关的许多态度。

正如我们所看到的，对权力的追求是对抗无能为力感和无足轻重感的一种保护措施。对名望的追求也具有后一种功能。

属于这种类型的神经症患者会产生一种迫切的愿望，想要令人铭记，想要被崇拜、被尊重。他会幻想用美貌、智力或者某种杰出成就给人留下深刻印象；他会大手大脚地花钱,以引人注目;他必须能够谈论最新的书籍和戏剧,并认识著名人物。他不可能让不崇拜自己的任何人作为自己的朋友、丈夫、妻子或者雇员。他的全部自尊都建立在被人崇拜的基础上,如果得不到崇拜,他的自尊就会化为乌有。由于过分敏感,以及由于总是感受到屈辱,人生对他而言就是一场连绵不绝的磨难。在许多情况下,他意识不到屈辱的感觉,因为意识到这一点将会非常痛苦;但是不管是否意识到,他都会做出与所遭受的痛苦感觉成正比的愤怒反应。因此,他的态度会导致新的敌意和新的焦虑源源不断地产生。

  出于叙述的便利,不妨把这种人称为自恋者。然而,如果动态地考察他,这个术语容易产生误导,因为尽管他总是沉湎于自我膨胀,他这样做主要不是由于自恋,而是为了对抗无足轻重感和屈辱感以保护自己,或者用正面的话说,是为了修复被压碎了的自尊心。

  他与他人的关系越是疏远,他对名望的追求就越是在内心里强化;这时,在他看来,它就是一种完美无缺的理想需求。任何一个缺点,不管是否被认识到或者只是模糊地感觉到,都被认为是一种耻辱。

  在我们的文化中,保护自己以对抗无能为力感、无足轻重感或者屈辱感，也可以通过追求财富来实现，因为财富既能带来权力，又能带来名望。在我们的文化中，对财富的非理性追求是如此盛行，以至于只有通过与其他文化进行比较，我们才能认识到它不是一种普遍的人类天性，无论是贪得无厌的本能形式，还是生物学基础上的驱力升华形式。即使在我们的文化中，一旦造成这种追求的焦虑得以减轻或者被排除，对财富的强迫性追求也会自动消失。

以占有财富作为保护措施，对抗的是贫困、匮乏和寄人篱下等特殊恐惧。对贫困的恐惧可以鞭策一个人马不停蹄地不断工作，绝不错过任何赚钱的机会。这种追求所具有的防御特点，表现在神经症患者不能拿他的钱用于获得更大的享受。对财富的追求不一定只指向金钱或者物质，也可能表现为对他人的占有态度，以及作为一种防止失去爱的保护手段。由于占有欲现象众所周知——特别是从婚姻中的表现来看，法律为这种要求提供了合法依据，而且由于它的特征与我们讨论对权力的追求时所描述的情形大致相同，在这里我就不再专门举例了。

我所描述的这三种追求，正如我所说的，不仅用来作为对抗焦虑的保障，而且可以用来作为宣泄敌意的手段。这种敌意的表现形式究竟是支配他人、侮辱他人还是剥夺他人，取决于哪一种追求占据主导地位。

神经症患者追逐支配他人的权力的倾向，并不一定公开表现为针对他人的敌意。它可以以具有社会价值或者人道主义形式进行伪装，表现为诸如提供建议的态度，喜欢过问他人的事务，采取主动或者积极带头的方式。但是如果在这些态度中隐藏着敌意，其他人——孩子、婚姻伴侣、雇员就会感觉出来，并做出顺从或者反对的反应。神经症患者自己通常意识不到其中的敌意。即使当事情不合他心意，让他勃然大怒，他仍然坚持认为，他本质上是一个温和的人，他恼火只是因为人们太不明智而反对他。然而，实际的情形是神经症患者的敌意受到抑制，换作温文尔雅的形式，当他不能称心如意的时候，就会爆发出来。使得他恼怒的事情，在其他人看来可能不是为了反对他，比如仅仅是观点不同，或者没有听从他的建议。然而就是这些小事情就足以让他产生相当大的愤怒。我们不妨把这种支配他人的态度看作一个"安全阀"，通过它，一定数量的敌意可以以一种非破坏性的方式排放出来。由于这种态度本身是一种淡化了的敌意表达形式，因而就为遏制纯粹的破坏性冲动提供了一种途径。

由他人的反对引起的愤怒可以受到抑制，正如我们已经看到的，被压抑的敌意因而可能导致新的焦虑。这可能表现为沮丧或疲劳。由于引起这些反应的情形是如此微不足道，引不起人们的注意，而且神经症患者也意识不到自己的这些反应，这种沮丧或者焦虑状态可能看上去好像没有受到外部刺激。只有进行精确观察，才能逐渐发现刺激性事件与随之而来的反应两者之间的联系。

由这种强迫性的支配态度产生的另一个特点是，这个人不能拥有任何平等的人际关系。他要么居于领导地位，要么感到完全迷茫、依赖他人和无助。他是如此独断专横，以至于他不能完全掌控的事情都被当作对自己的压制。如果他的愤怒受到压抑，这种压抑就可能导致抑郁、沮丧和疲劳。然而，即便如此，这种无助感也只是一种确保他们处于主导地位的迂回策略，或者是对于不能居于领导地位的敌意表达。举例来说，一个做好出行攻略的女人正在和她的丈夫在国外城市散步。她在一定程度上提前研究了地图，可以带路。当他们走到她在地图上没有研究的地方和街道时，她拿不准，就不得不完全听从她的丈夫的指引。尽管之前她一直很快乐很活泼，现在却突然感到疲惫不堪，几乎寸步难行。我们大多数人都熟知婚姻伴侣、同胞、朋友之间的关系，在这种关系中，神经症患者就像一个奴隶监工，利用他的软弱无助作为鞭子，迫使对方服从他的意愿，索取没完没了的关注和帮助。这种状况的特点是，神经症患者觉得从来没有从别人为他付出的努力中得到好处，而只是报之以新的埋怨和新的苛求，或者更糟的是，指责别人忽视了他，亏待了他。

同样的行为在精神分析过程中也可以观察到。这类患者可能会拼命地要求帮助，然而他们不仅不听从医生的任何建议，而且还会因为没有得到帮助而表示不满。如果他们确实得到了帮助，对自己的一些性格特点有所了解，他们就会立即向后退缩，陷入先前的苦恼之中，就像什么也没有发生过一样，他们会想方设法抹除医生通过艰苦劳动得来的精神分析成果。到那时，病人会再次迫使医生付出新的努力，然而这些努力注定会以失败告终。

病人可以从这种情况中获得双重满足：通过展示自己的软弱无助，迫使医生为他尽心竭力地服务而获得一种胜利的满足；与此同时，他的这种策略容易让医生产生无能为力感，如此一来，由于他自身的纠结妨碍他以积极的方式去支配别人，他便找到了一种以破坏性方式支配别人的可能。不用说，以这种方式获得满足感完全是无意识的，就像为了获得这些满足感所采用的技巧是无意识的一样。

病人自己意识到的只是他非常需要得到帮助，然而又没能得到帮助。因而在病人自己看来，他不仅感觉这样做完全合情合理，而且还感到有充分的权利对医生生气。与此同时，他不由自主地意识到他在玩一场狡猾的游戏，并因此而害怕被发现和遭到打击报复。于是出于自我防卫，他感到有必要巩固自己的有利地位，而且通过反守为攻的方式来做到这一点。这并不是说他在暗中实施一些具有破坏性的攻击，而是认为医生忽视、欺骗和虐待了他。但是，只有当他真正感觉到自己成为受害者的时候，他才会坚定地假定并维持这一立场。处于这种状况中的人不仅不愿意承认自己没有受到虐待，而且恰恰相反，他会坚决维护自己的信念。由于他坚持认为自己正在受到伤害，这常常给人一种他希望被虐待的印象。实际上，他跟我们任何人一样，不想受到虐待，但是他这种受到虐待的信念具有十分重要的作用，以至于不肯轻易地放弃这一信念。

在支配他人的态度中，可能包含着非常多的敌意，从而导致产生了新的焦虑。它可能导致这样的抑制：不能发号施令，不能下决心，不能准确表达观点，其结果是神经症患者经常表现得过于顺从。这会反过来让他错误地把自己受到的抑制视为天生的软弱。

在那些把追求名望作为头等大事的人身上，敌意表现出来的方式通常是侮辱他人的欲望。这种欲望在那些自尊心因侮辱而受到伤害，以及因此而变得怀恨在心的人身上是至高无上的。通常，他们在童年时期经受过一系列的屈辱，这些经历可能与他们成长的社会环境有关，比如属于弱势群体，或者他们本身很穷却有富裕的亲戚；或者与他们自己的个人遭遇有关，比如由于其他孩子而受到歧视，或者被父母视为玩物，时而被娇惯时而被羞辱、被冷落。这种经历常常因为它们的痛苦性质而被遗忘，但是如果他们遭受的屈辱十分明显，它们又会出现在意识中。然而，在成年神经症患者身上，能观察到的只是这些童年经验的间接结果而不是直接结果。这些结果通过"恶性循环"得到强化：屈辱感——侮辱他人的欲望——由于害怕打击报复而对屈辱感的敏感增强——侮辱他人的愿望增强。

侮辱他人的倾向之所以被深深地压制，通常是因为神经症患者从他自己的感受中知道当受到侮辱时，他是多么痛苦和多么渴望报复。尽管如此，其中的一些倾向仍然可以在不知不觉的情况下表现出来：无意中怠慢了别人，比如让他们久等，或者无意中使别人陷入尴尬的境地，让别人感到无所适从。即使神经症患者完全没有意识到自己想要侮辱他人，或者没有意识到实际上已经这样做了，他与别人的关系也会被一种蔓延的焦虑所笼罩，即总是担心自己会受到指责或侮辱。后面在讨论失败恐惧时，我会再回来谈这些恐惧。对屈辱的敏感导致的抑制，常常表现为想要避免可能让别人感到屈辱的任何事，比如这样的神经症患者可能无法做到批评他人，难以拒绝一项提议或不能解雇员工，他会经常表现得过于小心翼翼，或者过于彬彬有礼。

最后，侮辱他人的倾向还可能隐藏在崇拜他人的倾向背后。由于遭受侮辱和给予赞赏是截然相反的，后者提供了隐藏或者掩饰前者倾向的最佳手段。这也就是我们经常在同一个人身上发现这两种极端倾向的原因。这两种态度有几种分布方式，如何分布取决于个人。它们可以分别出现在不同的人生阶段，一个时期蔑视所有人，接着一个时期则表现出英雄崇拜；可能崇拜男人，蔑视女人，或者反之；或者对一两个人盲目崇拜，与此同时盲目蔑视世界上的其他人。正是在精神分析过程中，我们发现这两种态度实际上同时存在。病人可能在同一时期内盲目崇拜和盲目鄙视医生，或者压抑两种感情的其中一种，或者在两者之间左右摇摆。

在对财富的追求中,敌意的表现形式往往是剥夺他人的倾向。欺骗、偷窃、压榨或者挫败他人的愿望本身并不是神经症。它可能是在文化意义上形成的,或者可能由实际环境所决定,或者通常被认为是权宜之计。然而在神经症患者身上,这些倾向显示出高度的情绪化色彩。即使他从别人身上获得的实际好处微不足道或者无关紧要,只要他如愿以偿,他也会兴高采烈、得意洋洋。例如,为了讨价还价得到一个便宜价格,他可以花费与省下的钱完全不成比例的时间和精力。他获得成功的满足感有两个来源:一是感觉他比别人聪明,技高一筹;二是感觉他让别人受了损失,自己占了便宜。

剥夺他人的倾向有很多表现形式。如果精神分析医生不是无偿治疗,或者收费超过了患者的支付能力,神经症的人就会感到怨恨。如果他的员工不愿意无偿加班,他也会感到生气。在与朋友和孩子的关系中,这种剥夺倾向往往通过宣称对方对自己负有责任和义务作为理由。若以此为基础,父母要求孩子为他做出牺牲,实际上可能会毁掉孩子的一生。即使这种倾向不是以破坏性的形式出现,那些依据这种信念认为孩子的存在就是为她做出牺牲的母亲,必然会从情感上压榨孩子。这种类型的神经症患者也可能倾向于克扣他人的某些东西，比如克扣应该付的钱，隐瞒他能够提供的信息，拒绝让对方获得期望的性满足。这种剥夺倾向可能在梦中反复以偷盗的情境显现，或者他可能有一种想要偷盗的冲动，不过被他抑制住了；或者他在某些时期确实是一个有偷盗癖的人。

这种类型的人往往没有意识到他们是在蓄意剥夺他人。而一旦要求从他们身上得到什么东西，与他们的愿望相关的焦虑就可能会导致抑制倾向。例如，他们会忘记给人购买期待的生日礼物，或者如果有女士愿意委身于他们的时候，他们却变得软弱无能。然而，这种焦虑并不总是导致实际的抑制，也可能表现为一种潜伏的恐惧，即他们正在剥削或者掠夺他人，事实上他们确实如此，尽管他们在自觉意识中总是愤怒地否定这种意图，但他们还是会这样。这些神经症患者甚至可能怀有与他的某些行为有关的恐惧，而在这些行为中这些倾向事实上并不存在，与此同时，他始终意识不到他确实剥削或者掠夺了别人的那些行为。

这些剥夺他人的倾向伴随着一种羡慕和嫉妒的情绪态度。如果别人有着我们也想拥有的某些优势或好处，我们大多数人都会感到有些嫉妒。然而对于正常人来说，重点在于这样的事实：他希望他自己能够拥有这些优势或好处；

而对于神经症患者来说，重点在于这样的事实：他不想别人获得这些优势或好处，即使他自己也根本不想要这些优势或好处。这种类型的母亲常常嫉妒孩子的快乐，因而会跟他说："别看现在笑得欢，有你哭的时候。"

神经症患者会通过伪装成看起来合情合理羡慕的方式，掩盖他本来的嫉妒态度。别人的任何好事，不管是一个洋娃娃、一个姑娘、一种休闲活动，还是一份工作，都是那么光彩夺目，令人向往，以至于他觉得他的羡慕是完全合情合理的。将羡慕正当化只有借助对事实的无意识歪曲才变得可能：低估他自己所拥有的，幻想别人的好事才是自己真正值得拥有的。这种自我欺骗可以发展到让他竟然相信他处于可悲的境地，因为他没有别人超过他的任何一项优势；然而他完全忘记了，在其他任何方面，他都不愿意跟别人进行交换。他不得不为这种歪曲付出的代价是，他不能享受和欣赏现在的任何幸福。但正是这种不可能，有助于保护他免遭他人的十分可怕的嫉妒。像很多有充分理由保护他们自己不受某些人嫉妒、从而歪曲他们的真实处境的正常人一样，他也并不是故意让自己撇弃他所拥有的满足；但他做得太彻底了，实际上剥夺了他自己的任何享受。如此一来，他挫败了自己的目标：他想要拥有一切，但是由于他的破坏性冲动和焦虑，最后落得两手空空。

很明显，这种剥夺或者压榨的倾向，像我们讨论过的其他所有敌对倾向一样，不仅来源于受损的个人关系，而且会导致个人关系进一步受到损害。尤其是如果这种倾向或多或少是无意识的时候，通常就是这样，它必然会使他人感到难为情，甚至对他人有些羞怯。面对那些他不抱任何期望的人他可能表现得泰然自若，感到自然放松，但是一旦有任何可能要从某人那里得到什么好处，他就会变得很不自在。这些好处可能是明确的东西，比如信息或者某种建议，或者是一些不怎么明确的东西，比如仅仅是将来可能能够获得的利益。在情爱关系中确实是如此，在所有的其他关系中也是如此。这种类型的神经症患者在她不在乎的男人面前可能镇定自若，但面对她希望喜欢自己的男人，就会感到尴尬不自然，因为对她来说，得到他的爱等于从他身上获得一些好处。

这种类型的人可能有着非常强的赚钱能力，这样就把他们的冲动导向有利可图的方向上去。但他们经常在赚钱方面产生种种抑制，结果是他们不好意思索取报酬，或者是他们做了大量的工作而没有得到应有的报酬，因此显得他比自己的实际性格更加慷慨大度。接下来，他们很可能对他们的不合理收入感到不满，而又往往不清楚这种不满的原因。如果神经症患者的抑制作用十分严重，以至渗透到他的全部人格之中，结果将会让他总体上无法自立，不得不依靠他人的支持和供养。这样的话，他就会过一种寄生虫般的生活，从而满足他剥削利用他人的倾向。这种寄生态度不一定以"世界亏欠我"这种粗浅的形式出现，而可能采取比较微妙的形式，比如期望别人帮他的忙，期望别人采取主动，期望别人为他的工作出谋划策，总而言之，期望别人对他的生活负责。结果是他总体上对于生活形成了一种奇怪的态度，他没有清楚地认识到这是他自己的生活，他要为它的困境或它的毁坏负责；但是他生活得好像在他身上发生的事跟他自己没有关系，好像好与坏都来自外部世界，对此不需要他做任何事情，好像他有权利要求别人为他做好事，而把所有的坏事都归罪于别人。由于在这样的情况下，坏事发生的概率大于好事，他对世界日益增长的怨恨几乎不可避免。这种寄生态度也可以在对爱的神经症需求中可以发现，尤其是当对爱的需求表现为渴望物质帮助的形式时。

　　神经症患者的剥夺或者压榨倾向的另一个常见结果是，产生了担心被他人欺骗或者利用的焦虑。他可能生活在持续不断的恐惧中,害怕被人利用,害怕自己的钱或者想法被人偷走,他会对每一个他遇到的人产生恐惧,害怕这个人可能想从他这里得到什么东西。如果他真的受到了欺骗,比如,出租车司机没有走最短的路线,或者服务员报出的账单过高,他就会发泄出似乎不成比例的大量愤怒。把自己的虐待倾向投射到他人身上,其心理特点是明显的,因为对别人义愤填膺要比面对自己的问题愉快得多。此外,歇斯底里的人常常把责难作为威胁别人的手段,或者恐吓他人,使其产生犯罪感,从而任自己侮辱或利用。辛克莱·刘易斯(Sinclair Lewis)对小说中塑造的杜德伍斯夫人(Mrs. Dodsworth)这个人物形象身上具有的这种策略做了精彩描述。

对权力、名望和财富的神经症追求,其目标与功能可以大致图示如下:

目标	为获得安全感而反抗	敌意表现形式
权力	无能为力感	支配他人的倾向
名望	屈辱	侮辱他人的倾向
财富	贫困	剥夺他人的倾向

发现并强调这些追求的重要性,以及在神经症临床表

现中所起的作用,它们表现出来的伪装,是阿尔弗雷德·阿德勒的成就。但是阿德勒认为这些追求是人性中最重要的倾向,本身并不需要任何解释说明[①];至于为什么这些追求在神经症患者身上明显强化,他把原因归结为自卑感以及身体上的缺陷。

弗洛伊德也注意到了这些追求的许多内涵,但他没有把它们作为一个整体来考虑。他把对名望的追求视为自恋倾向的一种表现。起初他把对权力和财富的追求及其包含的敌意,视为"肛门施虐阶段"的衍生物。但是后来,他承认这些敌意根本上不是以性欲为基础的,而认为是"死亡本能"的一种表现,这样他就维持了他的生物学取向的信念。阿德勒和弗洛伊德都没有意识到焦虑在导致此类冲动方面所发挥的作用,他们也不了解其表现形式中的文化内涵。

---

① 同样的对权力欲望的片面评价,在尼采的《权力意志》中也能发现。

第十一章

神经症竞争

获得权力、名望和财富的方式因文化差异而有所不同。它们可能来自继承权，或者来自其文化群体所欣赏的个人素质，比如勇气、机智、治愈疾病的能力，或者与超自然现象沟通的能力，头脑灵活多变，诸如此类。得力于某些特定品质或者借助偶然的机遇，它们也可以通过非凡的或成功的活动获得。在我们的文化中，地位和财富的继承当然发挥着重要作用。然而，如果权力、名望和财富的获得必须通过个人努力去获得，他就不得不与他人进行竞争性角逐。这种竞争以经济为中心，辐射所有其他活动，并渗透到爱情、社会关系和游戏之中。因此，在我们的文化中，竞争是每个人都要面对的问题，发现它在神经症冲突中始终占据核心位置，就一点也不奇怪了。

在我们的文化中，神经症竞争或病态竞争在三个方面与正常竞争有别。首先，神经症患者总是拿自己与别人比较，即使在没必要这样做的情况下也是如此。尽管在竞争性环境中努力超越他人是必要的，神经症患者却喜欢与不是潜在竞争对手的人以及与他没有共同竞争目标的人进行比较，以衡量自己。他会不加选择地与任何一个人比较谁更聪明、谁更有魅力、谁更受欢迎。他对生活的感受堪比赛马中的骑手，对他而言只有一件事情是重要的，即他是否领先于他人。这种态度必然会导致他对任何事业都难以有真正的兴趣。他所做事情的内容并不重要，他关心的是通过它能够带来多大的成功、影响和名望。神经症患者可能会意识到自己与别人进行比较的这种态度，或者他可能只是习惯于这样做而没有意识到自己的所作所为。但是他几乎很难充分意识到这种态度对他产生的影响。

与正常竞争的第二个不同之处在于，神经症患者的野心不仅是要取得比别人更高的成就，或者比别人更大的成功，而且要显得独一无二、卓尔不群。与此同时，在与别人的比较中他觉得他的目标总是最高的。他可能意识到自己被无情的野心所驱使，然而更多时候，他要么完全压抑他的野心，要么部分地掩盖他的野心。在后一种情况下，他可能认为他在乎的不是成功，而只是他为之奋斗的事业；或者他可能认为他不想成为万众瞩目的焦点，而只是想做一些幕后工作；或者他可能认为在他人生中的某些时期曾经一度有过野心——如果他是个男孩，他幻想着成为耶稣基督或者第二个拿破仑，或者将世界从战争中拯救出来，如果她是个女孩，她希望有朝一日嫁给威尔士王子。但他会宣布说，从那以后自己的野心就完全消退了。他甚至可能会抱怨，自己的野心消退得太多了，而渴望重拾过去的一些野心。如果他完全压制了自己的野心，他可能会相信野心总是与自己无缘。只有当精神分析医生揭开他心理上的一些保护层之后，他才会回忆起过去曾经有过宏伟的幻想，或者有过一些从他脑海中一闪而过的念头，比如希望在他的领域中他是最优秀的，或者认为自己格外聪明或英俊，或者惊讶于一个在他身边的女人竟然爱上了别的男人，甚至回想起来还对此怀恨在心。然而在大多数情况下，由于意识不到野心在他的反应中发挥着强有力的作用，他并不觉得这些想法有什么特别意义。

有时候这样的野心会集中在某一特定目标上，例如才华、魅力、某种成就或品德。但有时候这种野心并不集中在某一明确的目标上，而是分散在这个人的所有活动中。他必须在他接触的每一个领域都做到最好。他可能想要同时成为伟大的发明家、杰出的医生和举世无双的音乐家。一个女人可能不仅希望在她的特定工作领域成为佼佼者，而且还想成为一个完美的家庭主妇，成为一个最会打扮自己的漂亮女性。这种类型的青少年可能发现自己很难选择或者投身于任何职业，因为选择一种职业即意味着放弃其他职业，或者至少会放弃一些他们最感兴趣的爱好和活动。对大多数人来说，同时精通建筑、外科手术和小提琴确实是困难的。这些青少年刚开始他们的工作的时候可能抱有过多的、不切实际的期望：画画就要做到和伦勃朗一样，写剧本就要做到和莎士比亚一样，刚刚开始在实验室工作就能够算出准确的血细胞计数。由于野心过大导致期望过高，他们难以获得预设的成就，因而很容易气馁和失望，使他们很快放弃努力而另起炉灶做其他事情。许多天赋极佳的人就是这样分散了他们一生的精力。他们确实有着在各个领域取得成就的巨大潜力，但是由于他们在所有的这些领域都感兴趣，并且野心勃勃，所以不能始终如一地追求任何目标；到头来，他们最终一事无成，白白浪费了自己的大好才华。

无论是否意识到自己的野心，他们对于野心遭到任何挫败总是非常敏感。如果没有完全达到他那好高骛远的期望，即便成功了，可能也会感到失望。例如，成功地完成了一篇科学论文或一本书，但是由于没有一鸣惊人，只是产生了一些有限的影响，可能就会令他失望。这种类型的人在通过了一场难以对付的考试之后，会贬低自己的成功，因为别人也通过了考试。这种倾向于失望的态度，是这种类型的人不能享受成功的原因之一。其他原因我将在后面讨论。自然，他们对于任何批评也是极其敏感。很多人在写了第一本书或者画了第一幅画之后就再也创作不出作品了，因为即便是遭到轻微的批评，他们也深感失望，心灰意冷。许多潜在的神经症患者是在遭到上司的批评或者招致失败的时候，开始显示出症状，尽管批评或者失败本身可能算不了什么，至少不足以造成如此大的精神障碍。

与正常竞争的第三个区别是神经症患者的野心中隐藏的敌意，他的信念是"只有我才应该是最漂亮、最能干、最成功的人"。在激烈的竞争中，敌意是固有的，因为一方竞争者的胜利意味着另一方竞争者的失败。事实上，在个人主义文化中，存在着如此多的具有破坏性的竞争，以致把它们作为孤立的特征来考察,很难将其称为神经症。它几乎是一种文化模式。然而,在神经症患者身上,竞争的破坏性方面要比建设性方面更强大:对他来说,看到别人失败比看到自己成功更重要。更确切地说,对于具有神经症野心的人来说,打败别人比自己获得成功更重要。实际上,他自己的成功对他来说才是最重要的。但是由于他对成功有着强烈的抑制倾向——这一点稍后我们将会看到,所以向他敞开的唯一途径就是成为优胜者,或者至少感到自己优胜:整垮别人,把他们拉低到自己的水平,更确切地说是在他自己之下。

在我们文化背景之上展开的竞争性斗争中,提高自己的地位、荣誉,或设法压制、打击潜在的竞争对手,往往是权宜之计。然而,神经症患者贬抑别人是受到盲目的、不分青红皂白的、难以控制的冲动驱使。虽然他明知道别人不会对他造成实际伤害,甚至别人的失败明显对自己不利,他也会这样做。他的想法可以被描述为一个明确的信念,即"只有一个人能成功",这不过是"只有我才应该成功"思想表达的另一种方式。在他的这些破坏性冲动背后,可能存在着大量的紧张情绪。例如,一个正在写剧本的人,当他听说他的一个朋友也在写剧本时,就会陷入一种莫名的暴怒之中。

　　这种挫败或者战胜他人的冲动，在很多人际关系中可以看到。一个野心过大的孩子可能会被一种想要挫败为他做出一切努力的父母的愿望所驱使。如果父母硬要他行为得体，注重名誉，以在社会上取得成功，他就越会养成在社会上不体面的行为习惯。如果父母把一切努力集中到他的智力发展方面，他就可能对学习产生强烈抑制，以至于显得愚蠢低能。我记得曾有两个年轻的病人，他们被怀疑低能弱智，但是后来他们表现得非常有才能和聪明。他们想要打败父母这一动机，在他们试图以同样的方式对付精神分析医生时，变得非常明显。其中一个孩子有段时间假装不懂我说的话，以致我没有把握判断她的智力，直到我意识到她一直在跟我玩她用来对付她的父母和老师们的相同把戏。这两个年轻人其实有着生气勃勃的雄心壮志，但在治疗之初，雄心壮志完全淹没到破坏性冲动中去了。

　　同样的态度也可能出现在对待学习或者对待任何一种治疗上。在上课或者接受治疗的时候，从中受益是符合他的利益的。然而，对这种类型的神经症患者来说，或者更确切地说，对他们的这种病态竞争心态来说，挫败老师或者医生的努力，阻挠他们取得成功的可能，变得更加重要。

如果他能够达到这一目标,证明别人在他身上不会取得任何成功,他甚至宁愿付出继续生病或者保持愚昧的代价,从而向别人证明他们也强不到哪里去。不用说,这个过程的运作是无意识的。而在他的自觉意识中,这样的人会认为老师或者医生确实无能,或者不适合自己。

因此,这种类型的病人会非常害怕精神分析医生成功地将他治愈。他会想尽一切办法挫败医生的努力,即使这样做明显有损于他自己也在所不惜。他不仅会误导医生,或者隐瞒重要信息,而且还会尽可能地保持原来的状况,或者让病情急剧恶化。他不会告诉医生他的病情有所改善,或者即使他这样做,也只是不情愿地,或者以一种抱怨的形式,或者把某种改善或任何好转归功于一些外部因素,比如温度变化,服用了阿司匹林,读了什么东西。他不会遵从医生的任何引导,试图以此证明医生是绝对错误的。或者他会把最初强烈反对的医生的建议当作他自己提出来的。后一种行为在日常生活中经常观察得到;它构成了无意识剽窃的动力,很多关于优先权的争吵都是基于这样一个心理基础。这种人不能忍受除自己之外任何人有新思想新观点。任何不是他自己提出来的建议他都会加以贬低。例如,他会不喜欢或者拒绝由其竞争对手所推荐的一部电影或者一本书。

在精神分析过程中，当经过医生的一番精辟解析，这些反应接近于被认识的时候，神经症患者的愤怒可能会公开爆发：有一种砸碎办公室里的东西的冲动，或者对精神分析医生破口大骂。或者在某些问题得到澄清之后，他会立刻指出还有很多问题没有解决。即使他有了相当的好转，而且理智上承认这一事实，他也会拒绝表达任何感激之情。在这种不知感恩的现象中还包含着其他因素，比如害怕担负偿还恩情的义务，但其中的一个重要因素，往往是神经症患者由于不得不因为某事而赞扬某人时会产生屈辱感。

有许多焦虑与挫败他人的冲动有关，因为神经症患者会下意识地假定别人也像他一样，在遭到挫败之后会受到伤害并产生报复心理。因此，他对于伤害他人而焦虑不安，并通过相信和坚持认为它们实际上是合情合理的，而不让自己意识到这种挫败他人的倾向。

如果神经症患者有着强烈的诋毁他人的倾向，他就很难形成任何积极的观点，采取任何积极的立场，或者做出任何建设性的决定。他对某人或某事的积极看法可能会被他人最微不足道的批评所粉碎，因为只需要一点小事就足以激起他的诋毁冲动。

第十一章 神经症竞争

神经症患者对权力、名望和财富的追求所包含的破坏性冲动，都被纳入了竞争性行为当中。在我们文化中发生的一般性竞争中，即使是正常人也可能表现出这些倾向，但是在神经症患者身上，这些冲动本身变得非常重要，尽管它们可能给他带来不利或者痛苦。这种羞辱、压榨或者欺骗别人的能力，对他来说已经成为优越感上的胜利，如果他不能做到，就是一种失败。神经症患者因不能占别人的便宜而表现出来的大量愤怒，都是由于这种失败感导致的。

如果个人主义的竞争精神在社会中大肆盛行，它必然会损害两性之间的关系，除非属于男人和女人的生活空间被严格区分。不管怎样，神经症的病态竞争因其具有破坏性，它所产生的灾难甚至比一般竞争的更大。

在恋爱关系中，神经症患者挫败、征服和侮辱对方的倾向发挥着极大的作用。性关系变成了征服和侮辱对方或者被对方征服和侮辱的一种手段，这一特性当然与性关系的本质完全相悖。通常，它会发展成这样一种情形，弗洛伊德曾经将其描述为男性恋爱关系的分裂：一个男人可能只会被低于他的标准的女人所吸引，而对他喜爱和崇拜的女人既没欲望也没有性能力。对这种人来说，性交不可分离地伴随着侮辱倾向，因此对于他喜爱的女人，就会立即压抑自己的性欲。这种倾向通常可以追溯到他的母亲那里，他曾从母亲那里感受到了侮辱，他希望对母亲报之以侮辱，但是出于恐惧，他把这种冲动隐藏在一种夸张的虔诚后面——这种情形通常被描述为固恋。在以后的生活中，他通过把女人分成两种，从而为自己找到了一种解决方案；他对他所爱的女人的潜在敌意，就表现为以实际行动确确实实地挫败她们。

如果这种类型的男人与一个地位或个性方面相当或者比他优越的女人发生性关系，他常常暗自为这个女人感到羞耻，而不是感到骄傲。他可能为自己的这种反应感到极其困惑，因为在他的意识里，他并不认为一个女人因为与男人发生性关系就会失去她的价值。但他不知道的是，他通过性交贬低一个女人的冲动如此强烈，以至于在感情上，对他而言她已经变得十分可鄙。因此，为她感到羞耻，是一种合乎逻辑的反应。同样，女人也可以无端地为她的爱人感到羞耻，表现为不希望被人看到与他在一起，或者对他的美好品质视而不见，因此她对他的欣赏远不如他实际上他应得的欣赏。分析显示，她也具有相同的贬低伴侣的无意识倾向。[①]通常,她对于女性也有这样的倾向,但是出于个人原因,这种倾向在她与男人的关系中更加突出。造成这种情况的个人原因各种各样,例如对得到父母偏爱的兄弟的怨恨,对软弱无能的父亲的轻蔑,深信自己缺少魅力并因而事先认定会受到来自男性的拒绝。此外,出于对其他女性的极大恐惧,而不敢表现出针对她们的侮辱倾向。

女人和男人一样,都有可能充分意识到自己一心一意要征服和侮辱或者羞辱异性。一个女孩可能怀着将男人玩弄于股掌之上的坦率动机,开始一段恋情。或者她可能故意挑逗男人,等到男人对她产生了爱情,她就会抛弃他。但是,羞辱的欲望通常是无意识的。在这样的情况下,它可以通过很多间接方式被揭示出来。例如,对于男人的追求,从她忍不住的笑声中可见一斑。或者它可能表现为性冷淡,通过这种方式,她向男人表明,他没有能力给她带来满足,从而成功地羞辱了他,尤其是如果他本来就对来自女性的羞辱怀有神经症恐惧就更是如此。与此相反的情

[①] 朵连·费根鲍姆在一篇论文中曾记录了这样一种案例,这篇论文以《病态侮辱》为题发表在《精神分析学季刊》上。但是,他所作的解释与我不同,因为归根到底他把这种侮辱追溯到阴茎崇拜。在精神分析文献中,很多被认为可以追溯到阴茎崇拜的女性阉割倾向,在我看来,是由侮辱男性的愿望导致的。

况也经常出现在同一个人身上，即因为性关系而感觉自己被虐待、被贬低和被羞辱。在维多利亚时代，女性认为性关系是对自己的一种侮辱，这是一种普遍的文化模式，只有当这种关系被合法化，符合冷冰冰的礼节时，这种感觉才有所淡化。最近三十年来，这种文化影响已经越来越微弱，但它仍然足以有力说明这一事实：女性比男性更经常地感到，性关系伤害了她们的尊严。这种文化模式也可能导致性冷淡，或者让女性完全远离男性，不管她们内心是多么希望与他们接触。这种女性可能通过受虐幻想或者性倒错，从中找到替代性满足，但是由于她会预先想到他人的羞辱，而对男人产生极大的敌意。

一个对自己的男子汉气概缺少足够信心的男人，很容易怀疑自己被女性接受只是因为女人需要从他这里获得性满足，尽管有足够的证据表明她是真心喜欢他。因此，他会因为这种被人利用的感觉而产生怨恨。或者，一个男人觉得女人对自己的爱抚缺乏回应是一种无法忍受的羞辱，因而过于焦虑，怕她得不到满足。在他自己看来，这种极大的关注显示出来的是温柔体贴。然而在其他方面，他可能十分粗鲁和轻率，这就表明他对女人性满足的关心只是为了保护自己免遭羞辱。

有两种主要的方法可以用来掩饰侮辱和挫败他人的冲动：一是用崇拜的态度加以掩盖，二是通过怀疑使它们理智化。当然，怀疑可能是现有思想分歧的真实表达。只有当这种真正的怀疑被明确排除时，我们才有理由去寻找隐藏在怀疑背后的的动机。这些动机隐藏得不是很深，只要简单地质询这种怀疑的真实性，就会激起焦虑的发作。我的一个病人每次见面时都会粗鲁地贬低我，尽管他没有意识到这一点。后来，当我只是问他是否真的相信，他对我在某些事情上的能力有所怀疑时，他便陷入了一种十分严重的焦虑状态。

当贬低或者挫败的冲动被一种崇拜的态度所掩盖时，这个过程就会变得更加复杂。那些暗地里想要伤害和轻贱女性的男人，在他们的意识里可能把她们捧得很高。而那些不自觉地总是试图打败和羞辱男人的女人，可能会沉溺于英雄崇拜。在神经症的英雄崇拜中，也像正常人一样，可能真实感觉到英雄的价值和伟大，但神经症的英雄崇拜，其特殊性在于事实上它是两种倾向的妥协：一是不管其价值如何，对成功盲目崇拜，因为他自己就有这方面的愿望；二是掩饰他对一个成功人士的破坏性愿望。

以此为基础，某些典型的婚姻冲突就可以被理解。在我们的文化中，这种冲突往往涉及女性，因为对男性来说，获得成功有更多的外部刺激，也有实现成功的更多可能性。假设一个具有英雄崇拜倾向的女人，她嫁给一个男人，是因为男人现有的或者潜在可能的成功对她具有吸引力，那么，由于在我们的文化中，妻子在某种程度上参与并分享了她的丈夫取得的成功，只要这种成功继续下去，就会给她带来满足。但是这也让她处于一种冲突的境地：因为丈夫取得了成功，所以她爱他，同时也因此而恨他；她想要破坏他的成功，但是这种冲动又被抑制，因为另一方面，她希望通过参与其中而间接享受这种成功。这样的妻子可能会背叛她的希望而去破坏她的丈夫的成功，通过挥霍浪费的方式威胁他的财产安全，通过令人颓丧的争吵来干扰他的平静，通过阴险的贬低态度动摇他的自信。或者她可能会暴露她的破坏性愿望，通过不屈不挠地驱使他获取越来越多的成功，而不去考虑他是否幸福。这种怨恨在丈夫出现任何失败迹象时都有可能变得更加明显，尽管在他成功的时候她可能在各方面的表现都是一个亲爱的妻子，现在她却转而反对她的丈夫，不再给他帮助和鼓励，因为她在能够参与分享丈夫的成功果实时掩盖起来的仇恨，一旦丈夫显示出失败的迹象，就会公开暴露出来。所有这些破坏性活动都可能在爱和崇拜的伪装下进行。

我们可以举出另外一个常见的例子,来说明爱是如何用来补偿源自野心的挫败冲动的。有一个女人素来自食其力,很能干,而且成功。结婚之后,她不仅放弃了自己的工作,而且逐渐养成了一种依赖他人的态度,似乎完全放弃了野心,"变成了真正的女人"。但丈夫经常感到失望,因为他本想找一个优秀的伴侣,结果他发现自己找了一个只是把她自己置于他的羽翼之下的不与他协作的妻子。经历过这种变化的女人对于她自己的潜能有着神经症般的担忧。她隐隐约约地感觉到,嫁给一个成功的男人或者嫁给一个让她至少感觉具有成功潜能的男人,对于实现她的野心目标,甚至只是为了获得安全感,比依靠自己更有把握。如果到目前为止,这种情形还不至于产生心理紊乱,那还有可能产生令人满意的效果。但是神经症女人暗地里拒绝放弃自己的野心,对她的丈夫充满敌意,而且根据神经症的"要么全有,要么全无"原则,坠入虚无感之中,最终成为一个无足轻重的人。

正如我在前面谈到的,这种反应在女性身上比在男性身上更常见,其原因可以在我们的文化背景中找到,这种文化背景把成功标记为男人的领域。这种反应不是女性固有的特性，事实证明，假如情况相反，也就是说，如果女人恰好比男人更强壮、更聪明、更成功，作为丈夫的男人也会做出同样的反应。由于我们的文化认为除了爱情之外，男人在所有方面都比女人优越，侮辱和挫败的冲动在男人身上就较少地以崇拜的方式加以掩盖；它往往比较公开地表现出来，对女人的事业和工作造成直接破坏。

这种竞争精神不仅影响男人和女人之间现有的关系，甚至影响到对伴侣的选择。在这方面，我们从神经症中看到的，只是在竞争文化中常常被认为是正常现象的夸张画面而已。通常，对伴侣的选择往往是由对名望或者财富的追求来决定，也就是说，受到情爱领域之外的动机的支配。在神经症的人身上，这种决定因素可能是压倒性的，一方面因为他对支配地位、名望、财富的追求比一般人更具有强迫性，更顽固，另一方面由于他与别人的个人关系，包括那些与异性的关系，已经非常恶化，而不能让他做出适当的选择。

破坏性竞争可以通过两种方式加剧同性恋倾向：首先，它为男性或女性完全远离异性提供了一种冲动，以避免与对手进行性竞争；其次，它产生的焦虑需要安全感，正如前面指出的，对使人安心的爱的需要，往往是紧紧抓住同性伴侣的原因。如果病人和精神分析医生是相同性别，破坏性竞争、焦虑与同性恋倾向之间的联系在精神分析过程中经常被观察到。这样的病人可能在一个阶段内夸耀他自己的成就，贬低医生。一开始，他这样做采取了伪装的方式，以至于他完全没有意识到正在这样做。接下来他意识到了自己的态度，但它仍然与他的感觉相分离，他意识不到是一种多么强大的情绪在推动着它。随后，当他逐渐开始感觉到他的敌意对于医生的影响，与此同时开始感觉越来越不安——伴随着焦虑的梦、心悸和躁动不安，突然他做了一个梦，在梦中医生拥抱他，他开始幻想和希望与医生进行一些亲密接触，从而表明他需要缓解自己的焦虑。这一连串反应可能会多次重复出现，直到病人最终感到实际上能够面对他的神经症竞争问题。

因此，简单来说，崇拜或者爱可以通过如下方式用作对挫败他人的冲动的补偿：拒绝认识这种破坏性冲动；通过在自己和竞争对手之间造成一段无法超越的距离，以完全排除竞争；通过提供一种对成功的替代性享受，或者参与到成功中去；通过安抚竞争对手，以防止对手的仇恨报复。

关于神经症竞争对性关系的影响的这些讨论尽管还远

远不够详尽，但足以表明它是如何导致了对两性之间关系的损害。这个问题显得越发重要了，因为在我们的文化中，正是这种竞争逐渐破坏了两性之间实现良好关系的可能性，同时它也是焦虑的一个来源，因而建立良好的关系就更加令人向往。

第十二章

畏避竞争

由于神经症患者的好胜心理具有破坏性特点，必然会在神经症患者身上产生大量的焦虑，从而导致畏避竞争。现在的问题是，这种焦虑来自哪里？

不难理解，其中的一个来源是害怕自己对野心的冷酷无情的追求会招致别人同样的报复。当别人获得成功或者想要获得成功时，就将他们踩在脚下，侮辱他们，排挤他们，他肯定也会害怕别人以牙还牙，怀着同样的心理强烈地想要挫败他。尽管这种对报复的恐惧，活跃在每一个以牺牲他人利益为代价获取成功的人身上，但还不是使神经症患者的焦虑加剧并因此对竞争产生抑制的全部原因。

经验表明，仅仅是对报复的恐惧，并不一定导致对竞争的抑制。相反，它可能只会使他以想象的或真实的嫉妒，与他们暗中较劲，或者怨恨他们，对他们加以冷酷对待，或者试图扩张自己的权力，以保护自己，防止被挫败。某种类型的成功者往往只有一个目标，即获得权力和财富。但是，如果将这些人的人格结构与神经症患者的人格结构进行比较，就会发现有着显著区别。那些冷酷无情追求成功的人并不在乎别人的感受。他既不需要也不期望从别人那里获得任何东西，既不需要帮助也不需要任何慷慨。他深信只要通过自己的实力和努力，就能够得到想要的一切。当然，他也会利用他人，但他在意的只是他人的良好建议，因为这对他达到自己的目标有用。为爱而爱，对他来说毫无意义。他的欲望和防御沿着一条直线前进，那就是获得权力、名望和财富。即使是一个受到内在冲突的驱使做出这种行为的人，如果他的内心没有什么东西干扰他的努力追求，他也不会形成神经症患者通常所具有的那些病态特征。恐惧只会促使他更加努力，以变得更加成功，更加不可战胜。

然而，神经症患者执着于两个互不相容的目标：一方面他们积极争取"唯我独尊"的主导地位，另一方面又极度渴望被所有人关爱。这种夹在野心和爱之间的处境,是神经症患者的核心冲突之一。神经症患者变得害怕自己的野心和要求,他甚至不愿意承认它们,他克制它们或者完全畏避它们,其主要原因是害怕失去爱。换句话说,神经症患者之所以克制他的竞争野心,原因不是他有着特别严厉的"超我要求"以防止攻击倾向过大,而是他发现自己在两种同等重要的需求之间左右为难:一种是他的野心,另一种是他对爱的需求。

这种窘境实际上是难以解决的。一个人不能把别人踩在脚下的同时又要求别人爱他。尽管如此,神经症患者身上的压力实在太大了,他还是企图去解决它。通常,他试图通过两种方式去解决问题:一是为他的支配欲望和因无法实现其支配欲望而产生的怨恨进行辩解,二是克制他的野心。我们只简单谈一谈他为他的攻击性要求辩解的努力,因为它们有着我们已经讨论过的获得爱的方式以及对它们进行合理化的相同特征。在这里,合理化作为一种策略非常重要:它试图让这些要求变得无可非议,从而使它们不会阻碍他被别人爱的途径。如果在竞争性斗争中他贬低他人是为了侮辱他们或者排挤他们,那么他会深信他是完全客观的。如果他想利用别人,他就会相信并且极力使别人也相信他非常需要别人的帮助。

正是这种对合理化的需要，比任何其他行为更能让一种微妙的潜在伪善元素渗透到人格中去，哪怕这个人可能还算诚实。它也说明了一贯的自以为是——这种在神经症患者身上经常出现的性格倾向，有时候非常明显，有时候则隐藏在顺从甚至自我谴责的态度背后。这种自以为是的态度与自恋的态度常常被人们混为一谈。实际上，它与任何自恋都没有什么关系，它甚至并不包含自鸣得意或者骄傲自大，因为，与从表面看上去相反，他并不真正相信自己是正确的，而只是需要不断地、拼命地让它们显得合理化。换言之，这是一种防御态度，来自迫切需要解决某种问题的内在压力，这种压力归根到底是由焦虑产生的。

对这种合理化需要的观察，可能是启发弗洛伊德提出"超我"要求这一特别严谨的概念的因素之一，而神经症患者在他的破坏性冲动反应中服从这一"超我"要求。合理化需要的另一方面，对于这种解释特别具有启发。除了作为一种应付他人的重要手段而不可或缺，合理化在很多神经症患者那里也是一种满足他们在自己眼中显得无可指摘的必要性手段。当讨论内疚在神经症中的作用时，我再回过头来谈这个问题。

神经症竞争中的焦虑所产生的直接后果，是对失败和成功的双重恐惧。对失败的恐惧，在某种程度上是害怕受到侮辱的一种表现。任何失败都将成为一场灾难。一个女孩如果不知道她在学校里应该知道的东西，不仅会感到非常羞愧，而且还会感到班上的其他女孩瞧不起她，共同排斥她。这种反应越发给她带来压力，因为她把这些经常发生的事情看作失败，事实上它们并不意味着失败，或者充其量只是无关紧要的失败，比如在学校里没有拿到最高分，或者在考试中某些科目不及格，或者在举办的活动中未取得巨大的成功，或者在交谈中表现不够出色，简单地说，没有达到过高期望的事情都被她看作失败。任何形式的拒绝——正如我们所看到的，神经症患者都会怀着强烈的敌意做出反应——都被认为是一种失败，并被视为一种侮辱。

由于担心别人在知道了他的冷酷无情的野心之后，对他的失败幸灾乐祸，神经症患者的恐惧可能会大大加剧。比失败本身更令他害怕的是，在他以任何方式显示出他正在与别人竞争，他确实想要获得成功并付出努力之后，还是遭到了失败。他觉得单纯的失败是可以被原谅的，甚至可能引起别人的同情，而不是敌意；但是一旦他表现出对于成功的兴趣，他就会被一群迫害他的敌人所包围，他们虎视眈眈地等待着，当他出现任何虚弱或者失败的迹象时，就会扑上来吞噬他。

恐惧的内容不同，产生的态度也会不同。如果内容偏重于对失败本身的恐惧，他就会加倍努力，甚至不顾一切地试图避免失败。当面临对他的实力或能力的重要考验，比如考试或公开亮相，他就会产生严重的焦虑。但是，如果内容的重点在于害怕被人识破他的野心，结果就完全相反。这时他感受到的焦虑会让他表现得漫不经心，对任何事都不想做出努力。这两种情形的对比值得注意，因为它显示出两种尽管有些相似的恐惧，是如何产生出两组完全不同的表现结果的。符合第一种模式的人，会为了考试而紧张忙碌、拼命用功，而符合第二种模式的人则很少用功，而且可能会故意惹人注目，沉湎于社会活动或其他嗜好，以此向世人表明他对学习任务不感兴趣。

神经症患者往往意识不到自己的焦虑，仅仅意识到焦虑产生的后果。比如，他可能无法集中精力专注于工作。或者他可能出现疑病症恐惧，比如害怕体力劳累引发心脏病，或者害怕脑力劳动过度导致精神崩溃。他可能在任何活动之后变得筋疲力尽——当在一项活动中包含着焦虑时，很容易使人感到疲惫，并用这种筋疲力尽证明努力的结果对他的健康有害，因而必须加以避免。

在退缩、不想做出努力之后，神经症患者可能会沉溺于各种消遣活动之中，从玩单人纸牌游戏到举办聚会，或者可能表现出一种看起来无精打采或者懒散的姿态。一个神经症女人可能穿着打扮很糟糕，她宁可给人不在乎打扮的印象，也不想故意打扮自己，因为她觉得故意这么做只会让她受到嘲笑。一个特别漂亮但认为自己相貌平平的女孩，不敢在大庭广众之下涂脂抹粉，因为她总觉得人们会这样想："多么可笑，丑小鸭竟然试图让自己看起来可爱迷人！"

因此，神经症患者往往认为，不去做自己想要做的事情会更安全。他的信念是：待在角落里，要谦虚谨慎，最重要的是，不要太惹人注目。正如维布伦（Veblen）强调的那样，惹人注目——如惹人注目的娱乐、惹人注目的消费等在竞争中发挥着重要作用。因此，畏避竞争必然要把重点放在相反的方面，即避免引人注意。这意味着遵循传统观念和习俗标准，远离聚光灯，不要显得与众不同。

如果这种畏避倾向成了占据主导地位的性格特征，它就会让人不敢冒任何风险。不用说，这样的倾向会导致生活非常乏味，以及潜能的扭曲。因为，除非环境特别有利，幸福或者任何成就的获得都是以冒险和努力奋斗作为前提条件的。

到目前为止，我们已经讨论了对可能遭到失败的恐惧。但这只是神经症竞争中一种焦虑的表现。这种焦虑也可能表现为害怕成功的形式。在许多神经症患者身上，有着如此巨大的对他人怀有敌意的焦虑，以致他们害怕成功，即使他们确信自己能够获得成功。

对成功的恐惧来自害怕遭到别人的嫉妒，害怕因此失去他们的爱。有时这是一种有意识的恐惧。在我的病人中有一位天赋很好的作家，但因为她的母亲也开始写作而且取得了成功，她就完全放弃了写作。过了很长的一段时间，她又犹犹豫豫、惴惴不安地重新拾起了写作，她担心的不是写得不好，而是写得太好。这个女人有很长时间完全不能做任何事情，主要原因是她过分害怕别人会嫉妒她做的任何事情；她反而把全部精力放到了讨人喜欢的事情上。这种恐惧也可能仅仅表现为一种隐隐约约的忧虑，担心要是取得任何成功，就会失去朋友。

然而在这种恐惧中，正如在其他恐惧中一样，神经症患者更多意识到的不是恐惧本身，而是由此导致的各种抑制。例如，这样的人在打网球过程中，每当他快要胜利的时候可能会感到有什么东西在阻止他,使他不可能赢得胜利。或者,他可能会忘记参加对于决定他的未来至关重要的约会。如果他有一些对于一场讨论或会谈有益的意见,他可能会很小声或简明扼要地说出来,以免给人留下任何印象。或者他会让别人替自己宣布他所完成的工作成绩。他可能会发现,与某些人交谈时他机智伶俐,而与另一些人交谈时则愚笨迟钝;面对有些人,他能够技艺娴熟地演奏乐器,面对另一些人则表现得像个新手。尽管他对此类事情的不稳定状态感到困惑不解,但他无力改变。只有当他深刻认识到自己的畏避倾向,他才发觉,当跟一个不如他机智伶俐的人交谈时,他会不由自主地表现得比对方更加笨拙迟钝;或者当跟一个拙劣的乐师一起演奏时,他不能自已地演奏得更差,导致出现这些情形的原因,是他害怕由于自己表现优秀而伤害和侮辱了他人。

最后,如果他确实取得了成功,那么他不仅不能享受成功,甚至觉得这好像不是他自己的经历。或者他会贬低它,将其归功于某些偶然的机遇,或者一些微不足道的激励或外来帮助。然而在取得成功之后,他很可能会感到抑郁沮丧,部分是由于这种恐惧,还因为一种意识不到的失望,即实际取得的成功往往与他心中过高的期望存在较大差距。

因此，神经症患者的内在冲突一方面来源于想要超人一等的、狂热的、不能自拔的愿望，另一方面来源于一旦有了良好开端或者取得了任何成绩，他又会产生同样强烈的阻止自己的冲动。如果他成功地做了什么事，下一次他必然会做得一团糟。有了一次好的经验之后，紧接着就会发生不好的教训；治疗期间有所改善，接着又会旧病复发；给别人留下好的印象之后，接着就是恶劣的印象。这一连串的事情反复持续发生，给他的感觉是他正在与难以抗拒的困境进行无望的战斗。他就像奥德修斯的妻子佩涅罗佩，每天晚上把自己在白天织成的布料拆散。

就这样，每前进一步都可能受到抑制：神经症患者可能完全压制他的野心勃勃的愿望，以致他不想尝试做任何一种工作；他可能尽力做某事，但他不能集中精力完成它；他可能出色地完成了工作，但他不承认这是什么成功；最后，他可能取得了卓越的成功，但不会欣赏这一成功，甚至无法感受到成功。

在畏避竞争的众多方式中，也许最重要的方式，是神经症患者在想象中制造他与真实的或者假想的对手之间的差距，以使得任何竞争都显得荒谬可笑，从而在意识中消除竞争心理。为了制造这种差距，他把别人放在高不可攀的位置上，或者把自己使劲放低，置于所有其他人之下，以使得所有的竞争念头或者企图显得不可能和荒谬可笑。后一种过程就是我将要讨论的自贬。

自我贬低可能是一种有意识的策略，仅仅出于权宜之计而被使用。如果一位大画家的徒弟画了一幅佳作，但由于害怕遭到老师的嫉妒，或者为了减少老师的嫉妒，他可能会贬低自己的作品。然而，神经症患者对于低估自己的倾向只有模模糊糊的感觉。即使他做得很棒，他也会真的认为，别人会做得更好，或者他的成功是一次意外，他可能再也做不了那么好了。或者，尽管已经做得很好了，他也可能挑出一些毛病，比如工作进度太慢，以此贬低他的全部成绩。一个科学家可能对自己领域中的问题感到无知，以至于他的朋友不得不提醒他，他曾经写过关于它们的文章。当被问及一个愚蠢的或者无法解答的问题时，他的反应往往是感觉自己很愚蠢；当读到一本朦朦胧胧难以苟同的书时，他不是用批判的思维对待，而是由此推论出自己太笨了，以至于读不懂。他还可能抱有这样一种信念，相信自己已经设法对自己保持着批判和客观的态度。

这样的人不仅看重自卑感的表面价值，而且还坚持其有效性。尽管他抱怨，它们给他带来了痛苦，但他绝不接受任何证据去证明它们有误。如果他被别人认为是一个非常有能力的人，他就坚持说自己被别人高估了，或者是他成功地欺骗了大家的眼睛。在这之前我提到的那个女孩，经历过哥哥的侮辱之后，她在学校里产生了超乎寻常的野心，总是班里的第一名，所有人都认为她是一个出类拔萃的学生，但她在自己心目中仍然坚信自己愚蠢笨拙。尽管照一下镜子，或者感到被男人关注，就足以使一个女人确信自己具有吸引力，但她可能仍然抱定自己缺少魅力的信念。有的人在四十岁以前可能认为自己太年轻不能坚持自己的观点或发挥领导作用，而到了四十岁以后，他可能转而感觉自己太老了，再也不能坚持自己的观点或发挥领导作用。一位著名的学者总是惊讶于人们对他的尊敬，在他自己看来，他不过是一个微不足道的平庸之辈。赞美之词被视为内容空洞的恭维，或者出于不可告人的目的，以致引起他的愤怒。

这种几乎可以无限制进行的观察表明，自卑感或许是我们这个时代最常见的危害，它对神经症患者有着重要的作用，并因此得到坚持和维护。它的价值在于，通过在自己心目中降低自己，从而将自己置于其他人之下，并限制自己的野心，于是与竞争有关的焦虑就可以得到缓解。[1]

顺便说一句，我们不应该忽视的是，自卑心理实际上有可能削弱一个人的地位，因为自贬确实会导致自信心受到损害。一定程度的自信心是取得任何成就的必备前提条件，不管这种成就是改变沙拉酱调料的标准配方，推销商品，捍卫一种观点，还是给可能性的社交关系留下一个良好印象。

具有强烈自贬倾向的人可能会梦到他的竞争对手比自己优秀，或者梦见自己处于不利地位。由于他在潜意识里毫无疑问希望战胜竞争对手，这样的梦可能看起来与弗洛伊德关于梦是愿望的满足的观点相矛盾。不过，我们不能狭隘地理解弗洛伊德的观点。如果直接实现愿望充满了太多的焦虑，那么减轻焦虑将比直接实现愿望更重要。因此，当一个害怕自己野心的人梦到自己被人打败的时候，他的

---

[1] D. H. 劳伦斯在他的长篇小说《虹》中对这种反应有过生动的描述："这种残忍和丑陋的奇怪感觉总是迫在眉睫，随时准备将她抓住，她感到来自这些人群的不情愿的力量正在等待着伏击她，她是一个异数，这对她的人生造成了深刻的影响。无论她在哪里，在学校，在朋友中间，在大街上，在火车上，她都本能地贬低自己，让自己变得很渺小，假装不如实际的自己，因为她害怕她那未被发现的自我暴露出来，从而遭到平庸而又普通的自我的野兽般的怨恨的猛扑与攻击。"（第254页）

梦所表达的并不是希望失败,而是偏向于认为失败是相对较轻的危害。我的一个病人在治疗期间被安排做一次讲座,当时她正奋不顾身地想要打败我。但她做了一个梦,梦见我做了一场成功的讲座,而她则坐在观众席上,谦卑地仰慕着我。除此之外,一位野心勃勃的老师梦见他的学生成了自己的老师,而他对自己的作业则茫然无措。

自贬对于野心的阻滞程度,也可以从这一事实看出,即被贬低的能力往往是个人最强烈地渴望超越他人的能力。如果他的野心具有才智超群的性质,那么才智就是实现它的手段,并因而受到贬抑。如果他的野心具有爱欲的性质,容貌和魅力就是实现它的工具,并因而受到贬抑。这种联系是如此普遍,以至于根据自贬倾向的焦点所在,就可以猜测一个人的最大野心是什么。

迄今为止,自卑感与任何事实上的劣等没有任何关系,人们只是把它作为畏避竞争倾向所产生的影响加以讨论。那么,它们与现有的缺陷,以及与对实际缺陷的认识有没有关系呢?事实上,它们是实际的缺陷和想象的缺陷共同作用的结果:自卑感结合了由焦虑驱动的自贬倾向和对实际存在的缺陷的认知。正如我多次强调的那样,我们不能从根本上欺骗自己,尽管我们可以成功地将某些冲动拒于意识之外。因此，具有我们讨论过的这种性格的神经症患者，在内心深处是知道自己具有必须加以隐藏的反社会倾向的。他知道他的态度远远算不上真诚，他的伪装完全不同于隐藏在表面之下的潜流。所有这些表里不一的反差在他那里积淀，乃是产生自卑感的一个重要原因，即便他从来没有清楚地认识到这种反差来自哪里——因为它们来自被压抑的驱力。由于认识不到它们的来源，他给出的低人一等这种感觉的解释就不可能是真正的解释，而只是一种使之合理化的做法。

产生自卑感的另一个原因是，他感到他的自卑感是实际缺陷的直接表达。以他的野心为基础，他已经建立了关于他的价值和重要性的不切实际的幻想。他不由自主地拿他的实际成就与他是一个天才或者完人的幻想作比较，在这种比较中，他的实际行动和实际可能性显得低人一等。

所有这些畏避倾向的最终结果是，神经症患者会招致真正的失败，或者不能完全达到以他的机遇和天赋应该达到的成就。和他同时起步的人超过了他，有了更好的事业，取得了更大的成功。这种落后指的不仅仅是外在的成功。随着年龄不断增长，他会越来越感受到自己的潜能和成就之间存在的反差。他强烈地感觉到，他的才华，不管它们是什么，都将被白白浪费掉，他的个性发展受到了阻碍，随着岁月的流逝，他也没有变得成熟。①他对这种反差的认识，其反应是模模糊糊的不满足，这种不满足并非受虐性质，而是真真正正的、恰如其分的不满足。

正如我所指出的那样，潜能与成就之间的反差可能归因于外部环境。但是，神经症患者身上形成的反差，作为神经症永不改变的特性，是由内在冲突造成的。他在现实中的失败，以及由此引起的潜能与成就之间反差的日益扩大，不可避免地加剧了他现有的自卑感。因此他相信他自己就是这样的人，但事实上却比不上他可能成为的人。由于它的自卑感是以现实为基础的，所以这一倾向对他的影响更为巨大。

与此同时，我提到过的另一个反差，即好高骛远的野心与相较而言可怜的现实之间的反差，变得如此难以忍受，因而需要补救。这样，幻想就成了一种补救方法。神经症患者越来越多地以不切实际的幻想代替了实际可以达到的目标。它们的价值对他而言是显而易见的：它们掩盖了他

---

① 荣格曾经明确指出四十岁左右的人在他们的发展过程中遇到阻碍的问题。但他没有认识到导致这种情形的状况，因而找不到任何满意的解决方案。

那不可忍受的虚无感；它们让他感觉自己很重要，不必参与任何竞争，因而也就不会招致失败或者成功的风险；它们让他建立起了宏伟的幻象，远超任何可以实现的目标。正是这种毫无出路的价值，使得不切实际的幻想变得危险，因为与大道坦途相比，钻死胡同对于神经症患者而言具有明显的好处。

神经症患者的这些不切实际的想法，应该与正常人以及精神病人的不切实际的幻想区别开来。即使是正常人有时也会觉得自己非常了不起，为他所做的事情赋予过分的重要性，或者沉湎于幻想他要做的事情。但是这些幻想和不切实际的想法只是装饰性的阿拉伯式花纹，他也没有太认真对待。具有不切实际幻想的精神病人走的是另一个极端。他深信他是一个天才，是日本天皇、拿破仑、耶稣，并拒绝承认能够证明他的信念有误的一切现实证据；他完全不能理解，实际上他是一个可怜的看门人或者收容所里的病人、不受尊重或者被嘲笑的对象。即使他最终意识到这种反差，他也会坚决维护他那不切实际的想法，认为别人并不比他更了解情况，或者他们是为了伤害他而故意对他不尊重。

神经症患者在某种程度上介于这两个极端之间。如果他最终意识到他那夸大了的自我评价，他对此做出的有意识反应就更像是一个健康的人。如果在梦中，他以王室成员的乔装打扮形象出现，他可能觉得这样的梦十分滑稽可笑。尽管他意识到它们不真实，应该抛弃，但是宏伟的幻想对他来说有着情感上的现实价值，就像它们对精神病人的价值一样。在这两种情况下，原因都是一样的：它们都有着重要的功能。虽然它们非常脆弱和不稳定，却是神经症患者的自尊心得以确立的支柱，因而必须紧紧抓住不放。

当自尊心在受到某些打击的情况下，潜伏在这种功能中的危险就会显露出来。随着这一支柱倒塌，他也跌倒在地，从此一蹶不振。例如，一个女孩有充分的理由相信她被一位男士所爱，但她意识到这位男士在是否娶她的问题上犹豫不决。在一次交谈中，他告诉她，他觉得自己太年轻，对于结婚缺乏足够的经验，他认为比较明智的做法是，在把自己牢牢地捆绑在婚姻关系上之前，最好再认识一些其他女孩。她经受不住这一打击，变得意志消沉，开始感到在工作中没有安全感，对失败产生了巨大的恐惧，随后想要远离一切，远离人群，远离工作。这种恐惧具有压倒一切的力量，即便是令人鼓舞的事情，比如那位男士后来愿意和她结婚，以及由于高度赞赏她的能力而给她提供一份更好的工作，都不能让她感到安全。

与精神病人形成鲜明对比的是，神经症患者总是禁不住痛苦地准确记录下现实生活中所有不符合他幻想的鸡毛蒜皮的小事。因此在他的自我评价中，他总是在自我感觉伟大和自我感觉一文不值之间摇摆不定。他随时都有可能从一个极端转向另一个极端。在他对自己的非凡价值深信不疑的同时，他可能会惊讶于别人竟然拿他当回事。而在他觉得痛苦不堪以及被人践踏的同时，他可能又会因为有人认为他应该需要帮助而感到愤怒。他的敏感程度堪比一个浑身疼痛、连最轻微的触碰都畏惧不已的人。他很容易感受到来自他人的伤害、鄙视、忽视和怠慢，并做出相应的报复性怨恨反应。

在这里，我们再次看到了"恶性循环"在发生作用。此时，不切实际的想法具有明确的安慰功能，并以一种想象的方式提供一些支持，它们不仅强化了畏避倾向，而且由于他的敏感产生出更大的愤怒，因而也产生了更大的焦虑。当然了，这是严重的神经症，在不怎么严重的病例中也能看到它轻微程度的存在，但在这种情况下，可能很难被本人觉察到。然而另一方面，一旦神经症患者能够做一些建设性工作，可能就会开始一种良性循环。通过这种方式，他的自信心日益增长，他的那些不切实际的想法也就没有什么存在的必要了。

由于神经症患者往往缺乏成功——他在任何方面都落后于他人，无论是事业还是婚姻，安全感还是幸福感，这使他嫉妒他人，从而强化了由其他途径形成的妒忌倾向。有几个因素可能会让他压抑自己的妒忌倾向，例如性格中的天生高贵感，或者深信他没有权利为自己要求任何东西，或者意识不到他现有的不幸。但是这种妒忌倾向越是受到压抑，它就越是可能投射到他人身上，导致一种有时近乎是妄想症的恐惧，觉得其他人在所有方面都嫉妒他。这种焦虑可能非常巨大，以至于即使有什么好事发生在他身上，比如一份新的工作，一种讨人欢喜的认可，一份幸运的收获，交了桃花运，都会让他深感不安。因此，这种焦虑可能会极大强化他的畏避倾向，使他不想拥有任何东西，或者避免有所成就。

抛开所有的细节不谈，从对权力、名望和财富的神经质追求发展而来的"恶性循环"，其主要轮廓可以大致描述如下：焦虑，敌意，受到伤害的自尊心；对权力以及类似事物的追求；敌意和焦虑得到增强；畏避竞争的倾向（伴随着自贬倾向）；失败以及潜能和成就之间的差距；过强的优越感（伴随着妒忌）；不断强化的不切实际的幻想（伴随着对妒忌的恐惧）；越来越敏感（伴随着新生的畏避倾向）；敌意和焦虑增强，以此往复，开始再一次循环。

  然而，为了充分理解忌妒在神经症中发挥的作用，我们必须从更宽泛的视角来看待它。神经症患者，不管他是否自觉意识到这一点，不仅是一个非常不幸的人，而且他看不到任何逃避这种不幸的机会。被旁观者称为恶性循环的过程，形成于试图获得安全感的努力，在神经症患者看来却像是被绝望地困在一张罗网里。正如我的一个病人描述的那样，他感觉被关在一间有许多门的地下室里，不管他打开任何一扇门，都只能通向新的黑暗，而他始终知道，他人正在外面的阳光下散步。我认为，如果一个人认识不到其中包含的令人崩溃的绝望，他就不能理解任何严重的神经症。有些神经症患者十分明确地表达了他们的恼怒，而另外一些神经症患者会通过顺从或者表面上乐观主义的方式将恼怒深深地掩盖起来。因此，我们可能很难发现，在所有反常的虚荣、自负、要求和敌意背后，有一个遭受痛苦的人。他感到永远被排除在所有让生活变得令人向往的事物之外，他知道即使自己得到了想要的东西，也不可能享受它。当我们认识到所有这些绝望感的存在，就不难理解那些看上去显得具有过强攻击性的行为，或者卑鄙行径，以及在特定情况下令人费解的行为。一个被所有可能的幸福拒之门外的人，如果不对并不属于他的世界感到仇恨，那他就真的成为一个名副其实的天使了。

现在回到妒忌的问题上来，这种逐渐发展起来的绝望感，是妒忌不断产生的基础。与其说它是对特殊事物的妒忌，不如说这是尼采所描述的生存嫉妒，它是一种非常普遍的对每一个感到更安全、更从容、更幸福、更坦诚、更自信的人的妒忌。

如果一个人已经形成了这种绝望感，无论这种绝望感接近于意识还是远离意识，他都会试图对它加以解释。他不像善于分析的观察者一样，把它看作一个不可抗拒的过程的结果，而是认为它是由别人或者由自己造成的。在很多情况下他会同时怪罪这两个来源，尽管其中的一个通常是最主要的。当他把责任推给别人时，就会产生一种指责态度，可能指向我们通常所说的命运，指向环境，或者指向特定的人——父母、老师、丈夫、医生。正如我们反复指出的那样，对他人的神经症要求在很大程度上可以从这一角度去理解。神经症患者好像遵循这样的思路："由于你们对我遭受的痛苦负有完全责任，帮助我是你们的义务，因而我有权利要求你们这样做。"一旦开始从自身寻找造成伤害的根源，他会觉得他的痛苦是罪有应得的。

谈到把责任推给他人的神经症倾向，可能会引起误解。听起来好像他的指责毫无根据，事实上，他有确定的充分理由发出指责，因为他确实受到过不公正对待，特别是在童年时期。但他的指责中也包含着病态因素：它们常常取代了朝向积极目标的富有建设性的努力，而且通常是盲目的、不分青红皂白的。比如，它们可能针对的是那些想要帮助他的人，而与此同时，对于那些真正伤害他的人，他可能完全感觉不到，无法加以指责。

第十三章

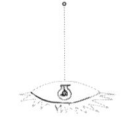

神经症负罪感

在神经症的明显症状中,负罪感似乎扮演着至关重要的角色。在有些神经症中,这些感觉被大量地公开表达出来,而在另一些神经症中,它们更多地被掩盖起来,但是可以通过行为、态度、思维和反应方式显露出来。首先,我将以概括描述的方式讨论说明负罪感存在的各种表征。

正如我在上一章提到的,神经症患者往往倾向于以感觉到他不配得到更好的对待,来解释他所遭受的痛苦。这种感觉可能相当模糊和不确定,或者可能附着于为社会所禁忌的思想或行为,比如手淫、乱伦的想法,希望亲人死亡等。这样的人往往稍有风吹草动,就会产生负罪感。如果有人要求见他，他的第一反应是别人要为他所做的事指责他。如果朋友有段时间没来或没给他写信，他会反躬自问自己是不是得罪了他们。如果出了什么差错，他就想当然地认为那是他的过错。即使是别人显然做错了，明显对不起他，他仍然会为此极力责怪自己。如果发生了利益冲突或者任何争论，他倾向于盲目地认定别人是正确的。

在这些潜伏的、随时准备着悄悄降临的负罪感和在抑郁状态下显现的、被解释为无意识的负罪感之间，仅存在着左右摇摆、似是而非的分别。后者以自责的形式出现，这些自责往往具有幻想的特点，或者至少是被严重夸大。而且，神经症患者始终不懈地努力使他在自己眼中和别人眼中显得正当合理，当这些努力的巨大策略价值没有得到清楚认识时，就显示出这些必须被搁置起来的、游离的负罪感的存在。

神经症患者总是害怕被人识破或者遭到反对，这种挥之不去的恐惧进一步揭示了这种难以消除的负罪感的存在。在他与精神分析医生进行的讨论中，他与医生的关系表现得好像是罪犯与法官，这就使他在精神分析过程中很难与医生合作。医生给出的每一种解释，他都将其视为对自己的斥责。例如，如果医生告诉他，在某种防御态度背后潜伏着焦虑，他就会回答说："我知道我是一个懦夫。"如果医生解释说，他不敢与人接触是因为害怕被拒绝，他就会承认责任在自己，并说他这样做是为了尽力让自己的生活更轻松自在。对完美的强迫性追求，在很大程度上是出于避免遭到任何反对的需要。

最后，如果发生了不利事件，比如失去了一次机遇或者遭到一次意外，神经症患者可能明显会感到更加轻松自在，甚至会让某些神经症症状消失。这种反应，以及有时他似乎不经意地安排或者挑起不利事件发生的事实，会让人做出这样的假设：神经症患者具有如此强烈的负罪感，以致为了摆脱负罪感而产生了渴望惩罚的需要。

因此，这里好像有大量的证据表明，神经症患者身上不仅存在着特别敏锐的负罪感，而且它们对于神经症患者的人格也施加了影响。尽管有这些明显的证据，但我们仍需提出这样的问题：神经症患者有意识的负罪感是否确实是真诚的？或者，由无意识的负罪感显示出来的症状和态度是否还有另一种解释？这里有许多理由引起我们的怀疑。

像自卑感一样，负罪感也不是完全不受欢迎，神经症患者远不是急于要摆脱它。事实上，他往往坚持认为自己有罪责，并且坚决地抵抗为他开脱罪责的一切努力。单是这种态度就足以表明，在其顽固的负罪感背后，就像自卑感一样，一定隐藏着某种具有重要功能的倾向。

还有另外一个理由应该记住。对某些事真诚地感到遗憾或者感到羞愧是痛苦的，而再向其他人表达这种感受会更痛苦。事实上，神经症患者由于害怕别人的反对，甚至比其他人更会避免这样做。然而，他在表达我们称之为负罪感的感受时，却非常爽快。

此外，神经症患者的这种自责经常被理解为能够表明潜藏着负罪感的标志，其特征具有明显的非理性因素。不仅在他那特殊的自我责备中，而且在他那难以消除的不配得到任何善待、赞扬、成功的感觉中，从严重的夸张一直到纯粹的幻想，他很可能走向非理性的任何极端。

另一个表明自我指责并不一定是负罪感表达的真正理由，是这样一个事实，即神经症患者在无意识中，根本就不相信他自己一文不值。即使当他似乎淹没在负罪感中，如果别人对他的自责显示出信以为真的态度，他可能会变得非常愤怒。

后面的这个观察结果形成了最后一个理由，弗洛伊德在讨论忧郁症中的自我指责时曾经指出这一点：神经症患者表现出来的负罪感和缺乏随之而来的应有的谦卑之间存在着矛盾。[1]在宣称自己一文不值的同时,神经症患者会强烈要求别人的体谅和赞赏,而且会表现出明显的不情愿接受哪怕最小程度的批评。这种矛盾可能暴露得特别明显,有这样一个病例,一个女人对报纸上报道的每一桩犯罪都感到隐隐约约的负罪感,甚至将每一位家庭成员的死亡归咎于自己,但是当她的姐妹十分温和地责备她不该要求太多的体贴时,她会怒不可遏,以致昏厥过去。然而这种矛盾并不总是如此明显,它更多的存在于表面现象之下。神经症患者可能会错误地把自己的自责态度,当作正常的自我批评态度。他对批评的敏感,可能要经过这种信念的筛选:只要是以友好的或者建设性的方式提出的批评,他就能很好地接受。但是这种信念只是一个幌子,并且与事实相矛盾。即使是很明显的善意的忠告,也可能让他报以愤怒的反应,因为任何形式的忠告都意味着批评他还不够十全十美。

因此,如果仔细考察和检验负罪感的真实性,就会很

---

[1] 西格蒙德·弗洛伊德:《哀悼和忧郁症》论文集,第4卷,第152—170页,精神分析学会出版社。卡尔·亚伯拉罕:《试论力比多的演变历史》,精神分析学会出版社。

明显地看出，那些看上去像是犯罪的感觉，实际上是焦虑的表现或者是一种为了对抗焦虑所作的防御。在某种程度上，这也适用于正常人。在我们的文化中，敬畏上帝比敬畏人显得更加高尚，或者用非宗教的话来说，出于良知不做某些事情，比由于害怕被抓到不做某些事情，显得更加高尚。许多声称出于良知而假装忠诚的丈夫，实际上只是害怕自己的妻子而已。由于神经症中存在着大量焦虑，神经症患者比正常人更倾向于用负罪感掩饰自己的焦虑。与正常人不同的是，他不仅害怕那些可能发生的后果，而且还会预先想到与实际情形完全不相称的后果。这些预期所具有的性质视具体情况而定。他可能对即将发生的惩罚、报复、抛弃产生夸大的想象，或者他的恐惧也可能是完全模糊的。但是，不管它们的性质如何，他的恐惧都在同一个焦点上触发，我们可以将其大致描述为害怕遭到反对的恐惧，或者，如果害怕遭到反对的恐惧相当于一种信念的话，那么可以将其描述为害怕被人发现隐秘的恐惧。

害怕遭到反对的恐惧，在神经症中非常常见。几乎每一个神经症患者，尽管从表面上看表现得自信满满，不在乎别人的意见，实则极其害怕或者高度敏感于被别人反对、批评、指责或者揭穿。如同前面我已经提到的，对于害怕遭到反对的恐惧通常被理解为潜在的负罪感的表征。换句话说，它被认为是负罪感的结果。严谨的观察让这种结论变得可疑。在精神分析中，经常会发现病人对于某些经历或想法难以启齿，比如关于死亡的愿望、手淫、乱伦的想法等，因为他对它们感到非常内疚，或者更确切地说，因为他觉得自己有负罪感。当他获得了足够的自信去谈论它们，并且没有遭到反对时，"负罪感"才会消失。作为焦虑的结果，他感到内疚是因为他甚至比其他人更加依赖公众意见，而且天真地将公众意见错认为是他自己的判断。即便是在讲出了造成这种感觉的经历，他的这种特殊感觉消失之后，他对于反对或不赞同的总体敏感从根本上说并没有改变。从这一观察能够得出这样的结论：负罪感不是害怕遭到反对的原因，而是害怕遭到反对的结果。

由于害怕遭到反对的恐惧在负罪感的发展和对负罪感的理解中是如此重要，我将在这里插入一些关于它的内涵的讨论。

对遭人反对的过度恐惧，可能盲目地扩大到所有人身上，或者可能仅仅针对朋友，尽管通常情况下神经症患者不能明确地区分朋友和敌人。一开始，它只是指向外部世界，并且在或多或少的程度上总是与他人的反对有关，但是它也有可能内化。越是发生内化，与自我的不赞同相比，来自外部的不赞同就显得越是不重要。

对遭人反对的恐惧可以表现为各种形式。有时它表现为总是害怕惹恼别人；比如，神经症患者可能害怕拒绝别人的邀请，害怕不同意别人的意见，害怕表达任何愿望，害怕不能遵守既定规则，害怕以任何形式引人注目。它可以表现为一直害怕人们揭穿他；即使当他感觉到自己被人喜欢时，为了防止被人揭穿并抛弃他，他也倾向于向后退缩。它也可以表现为极不情愿让别人知道自己的任何隐私，或者对任何关于他自己的并无恶意的问题表现出极大的愤怒，因为他觉得这些问题是在企图窥探他的隐私。

害怕遭人反对，在精神分析中是一个非常重要的因素，对医生来说它让精神分析过程困难重重，对病人来说也十分痛苦。尽管每一个人的精神分析与其他人各不相同，但它们都有一个共同特征，那就是病人在渴望得到医生的帮助和希望获得理解的同时，必定要把医生作为最危险的入侵者予以击退。正是这种恐惧让病人表现得像是一个面对法官的罪犯，而且，像罪犯一样，他也暗暗下定决心，对医生的精神分析矢口否认，并想方设法误导医生。

这种态度在梦中可以表现为被迫坦白，并且对被迫坦白的反应非常痛苦。我的一位病人,有次当我们快要揭示出他的某些被压抑的倾向时,他做了一个在这方面意味深长的白日梦。他想象着在一个梦幻一样的岛屿上看到一个男孩,这个男孩有时不时地寻找庇护的习惯。在那里,男孩成为某个群体的成员,统治这个群体的法律严禁任何泄露这个岛屿存在秘密的行为,并会处死任何可能的入侵者。一个被男孩喜爱的人——以某种变装的形式代表着医生,偶然发现了通向岛屿的路。根据岛上的法律,他应该被杀死。不过男孩能够救他,只要他发誓自己再也不会返回岛屿。这是一种冲突的艺术表达,这种冲突在精神分析过程中自始至终以这样或那样的形式存在着。这是喜欢医生与憎恨医生之间的冲突——因为医生想要侵入病人隐秘的思想情感中,反映了病人为了保卫自己的隐私而斗争与有必要放弃隐私之间的冲突。

如果害怕遭人反对的恐惧不是由负罪感引起的,那么人们可能会问,为什么神经症病人如此担忧被人识破隐秘和遭人反对呢?

导致害怕反对的恐惧的主要因素,是神经症患者向世界和他自己显示的假象①与隐藏在假象背后所有被压抑的倾向之间存在着巨大差异。尽管他为无法与自己合为一体而感到痛苦（甚至比他自己意识到的还多），但他仍然要竭尽全力维持这些假象，因为它们相当于是保护他免遭潜在的焦虑侵袭的壁垒。如果我们认识到，正是这些他必须隐藏的东西构成了他害怕遭人反对的恐惧的基础，我们就能更好地理解为什么"负罪感"的消失并不能将他从恐惧中解脱出来。这里还有更多的情形需要加以改变。简单一点儿说，是他人格中的不真诚，更确切地说，是他人格中病态的那部分不真诚，造成了他对害怕遭人反对的恐惧，而他害怕被人识破隐秘，也正是因为这种不真诚。

至于这些隐私的特殊内容，他首先想要隐藏的是那些通常用攻击性这个术语涵盖的全部内容。这个术语的使用，不仅包括他的反应性敌意，如愤怒、报复、妒忌、侮辱他人的欲望，诸如此类，而且包括他对别人的隐秘要求。由于我已经详细讨论过这些，在这里简单提一下就行了：他不想依靠自己自食其力，他不想通过自己的努力去获取他想要的；相反，他从内心里坚持通过依赖他人生存，无论

---

① 与C.G.荣格所谓的"人格面具"（persona）相对应。

是通过支配和剥削的方式，还是通过温情、"爱"或者顺从的方式。一旦人们涉及他的敌意反应或者他的隐秘要求，焦虑就会产生，不是因为他感到内疚，而是因为他发现他获得他所需要的支持的机会已经受到了威胁。

其次，他想要隐藏的是：他感到自己多么软弱，多么没有安全感，多么无助，多么缺乏自信，多么焦虑。因此，他建立起了强有力的假象。但是他对安全感的特殊追求越是集中在支配他人上面，他的自尊心也就越是与力量相关联，他就越是彻头彻尾地瞧不起自己。他不仅觉得软弱中存在着危险，而且认为无论是对他自己还是对别人软弱都是可鄙的。他把任何不足都视为软弱，不管是涉及不能当家作主，无法战胜内心的障碍，不得不接受他人的帮助，还是被焦虑纠缠。由于他从根本上藐视他自己身上的任何"软弱"，并且由于他总是忍不住相信别人如果发现了他的软弱，就会同样藐视自己，他就会竭尽一切努力去掩藏它们，但他总是担心自己迟早会被发现，因而产生了持续不断的焦虑。

因此，负罪感及其伴随而生的自我谴责不是造成害怕遭人反对的恐惧的原因，而是害怕遭人反对的恐惧的结果，而且也是对抗这种恐惧的防御。它们同时致力于实现获得安全感和掩盖现实问题的双重目标。后一个目标要么通过转移人们对他应该隐瞒的隐私的注意力来实现，或者通过过分夸大隐私以使它们显得不真实来实现。

我将举两个例子，用来说明很多类似的情形。有一天，一位病人严厉地谴责自己忘恩负义，成了医生的负担，没有充分理解医生为他治疗只收取了很少的费用。但在结束治疗的时候，他却发现忘记了把那天打算支付的医疗费带来。这只是他想要不付出任何代价就获得一切的众多证据之一。在这里也像在其他地方一样，他那不必要的、笼统的自我谴责，起到了模糊和掩盖具体问题的作用。

一个成熟聪慧的女人，会为自己像小孩一样发脾气感到内疚，尽管她理智地知道这是由于父母不近人情引起的，尽管与此同时她已经摆脱了一个人不能责怪父母的观念。然而她的负罪感依然如此强烈，以致把她与男人之间性关系的失败看作她对父母怀有敌意的惩罚。通过将目前不能与男人进行交往，归咎于幼稚时期的过错，她掩盖了那些实际发生作用的因素，比如她对男人怀有敌意，由于害怕被拒绝而退缩到自己情感的保护壳里。

自我谴责不仅可以保护自己，抵抗遭人反对的恐惧，而且通过使人安心的反话，获得积极的慰藉或者安全感。

即使在没有牵涉外人的情况下，自我谴责通过增强神经症患者的自尊心也能提供安全感，因为自我谴责意味着他具有如此敏锐的道德判断，他会谴责自己身上被别人忽视的过错，从而使他感觉自己确实是一个了不起的人。此外，自我谴责还给他以宽慰，因为自我谴责很少涉及他对自己不满的真正问题，从而事实上给自己留下了余地，使他相信自己毕竟还没有那么坏。

在进一步继续讨论自我谴责倾向的心理功能之前，我们必须考察避免遭人反对的其他方式。与自我谴责截然相反，然而能够达到同样目的的防御，那就是通过总是让自己正确或者完美，不留下易受攻击的把柄，以此预先阻止任何批评。当这种类型的防御占据上风，任何行为，即使是明显的错误行为，都被说得正当合理，堪称一个机灵、老练的律师发表的一大套机智的诡辩。这种态度可以发展到这样的地步，在最微不足道和琐碎的细节上都必须正确，例如对天气变化的判断总是正确无误，因为对这样的人来说，任何细节上的错误，都可能招致全盘皆输的危险。这种类型的人通常不能忍受最细微的意见分歧，甚至不能忍受情感偏好上的不同，因为在他看来，一丁点儿的不相符就相当于是对自己的批评。这种倾向在很大程度上说明了所谓的"假适应"。在这些人身上可以发现这种现象,他们尽管有着严重的神经症,却设法在自己眼中,有时也在周围的那些人眼中,保持"正常"和完全适应的样子。对于这种类型的神经症患者,预测他们有着被人发现隐秘或者害怕遭人反对的巨大恐惧,几乎从来不会出错。

神经症患者对抗害怕遭人反对的恐惧、保护他自己的第三种方式,是借助无知、疾病或无能为力为自己寻求庇护。在这方面我遇到过一个病例,那是我在德国治疗过的一个法国女孩。她就是我曾经提到的因为被怀疑智力低下而送到我这里来的两个女孩中的一个。在最初几个星期的分析治疗期间,我本人也怀疑她的智力有问题;她好像听不懂我说的任何话,尽管她完全听得懂德语。我试着用比较简单的语言重复同样的事情,也没有更好的结果。最后有两件事让我豁然开朗。她做了一些梦,在梦中我的办公室的样子像是一座监狱,或者像是给她做身体检查的医生的办公室。这两个梦暴露了她那害怕被人发现隐秘的焦虑——后一个梦是因为她对任何身体检查都极度恐惧。另一件具有启示作用的事是她在神志清醒的生活中发生的偶然事件。她忘记了按照法律要求在某个特定的时间出示她的护照。最后当她去见政府官员时,她假装不懂德语,希望用这种方式逃避惩罚。她大笑着跟我说了这件事。然后她意识到她在使用相同的策略对付我，而且也是出于相同的动机。从此以后，她证明了自己是一个非常聪明的女孩。她一直用无知和愚蠢作为掩体，以此逃避被指控和被惩罚的危险。

大体上，任何一个感觉自己是，或行为表现得如同一个不负责任、顽皮、无厘头的孩子的人，都会使用同样的策略。有些神经症患者则是永远都采取这样的态度。或者，即使他们表现得不那么孩子气，他们也拒绝在自己的感觉中认真对待自己。这种态度的作用在精神分析中可以被观察到。那些面临承认自己拥有攻击倾向的病人，可能会突然感到无能为力，突然表现得像个孩子，除了渴望得到保护和关爱之外什么都不想要。或者他们可能会做一些梦，在梦中他们发现自己渺小而且无助，不是团缩在母亲的子宫里，就是躺在母亲的怀抱里。

在某一个特定情境中，如果软弱无助起不到逃避的作用，或者不适用，疾病也可以达到相同的目的。众所周知，疾病可以作为逃避困境的手段。然而，与此同时，它为神经症患者提供了一道屏障，恐惧使他在应对他应该应对的情况时产生退缩。例如一个与上司关系不好的神经症患者，可能通过发作严重的消化不良寻找庇护。在这种时候，对于病残无能的吁求，其目的在于它可以提供一个完全不可能行动的理由，也可以说是托词，这样就让他避免意识到自己的怯懦。①

避免遭到任何反对的最后也是最重要的一种防御措施，是受害感。通过感到被伤害，神经症患者就能避免别人对他想要利用别人的倾向的指责；通过感到严重被忽视，他就能避免别人对他的占有欲倾向的指责；通过感到他人对自己没有帮助，他就可以避免让别人发现他那想要打败别人的倾向。这种感到受害的策略如此频繁地被使用和持之以恒地被保持，是因为事实上它是最有效的防御方法。它不仅能够让神经症患者避开指责，而且还能把责任转移到别人身上。

现在回到自我谴责态度上来，除了防止遭人反对的恐

---

① 如果这样的愿望，就像弗兰兹·亚历山大在《整体人格的精神分析》中说的那样，被解释为因对上级怀有攻击性冲动而需要惩罚，病人会非常乐意接受这一解释，因为这样的话，医生就可以有效地帮助他避免面对这些事实：对他而言有必要坚持自己的主张，他害怕这样做，他因为害怕而对自己感到恼怒。医生让病人在他的想象中更加觉得他是一个非常高尚的人，以至他对任何针对上司的不良愿望都非常苦恼，从而通过戴上很高的道德标准的光环，强化他那早已存在的受虐冲动。

惧，提供积极的安全感以外，自我谴责的另一个功能是让神经症患者看不到做出改变的必要性，而且事实上自我谴责起到了代替改变的作用。对每个人来说，对已经形成的人格做任何改变都是相当困难的。而对于神经症患者来说，这个任务是双倍的困难，不仅因为他很难认识到改变人格的必要性，而且因为他的人格中存在着许多受到焦虑所迫而产生的必不可少的态度。因此，一想到不得不做出改变，他就惊恐不已，并且往后退缩，拒不承认有做出改变的必要。逃避这一认识的方式之一是，暗自相信通过自我谴责就可以"蒙混过关"。这个过程在日常生活中经常被观察到。如果一个人遗憾做了某事，或者没有做某事，并因而想要弥补或者改变负责任的态度，他就不会使自己沉浸在负罪感中。如果他确实这样做了，那就表明他在逃避做出改变人格态度的艰巨任务。悔恨确实比做出改变容易得多。

附带说一句，令神经症患者对做出改变的必要性视而不见的另一种方法，是对现有的问题理智化。倾向于这样做的病人在获得心理学知识，包括与自己有关的心理学知识时，会得到理智上的极大满足，但就此止步不前。理智化的态度被用作一种保护措施，阻止他们从情感上体验到任何东西，从而避免意识到他们必须做出改变。这就好像是他们一边看着他们自己一边说："瞧，多么有趣啊！"

自我谴责还可以用来避开因指责他人而带来的危险，因为把罪责放在自己肩上似乎是更安全的方式。压制对别人的批评和指责，从而强化指责自己的倾向，在神经症中发挥着如此重要的作用，接下来我会用更长的篇幅来讨论它们。

这些抑制作用一般来说都有其形成与发展的过程。在一个产生恐惧、仇恨和限制自尊心自然形成的环境中长大的孩子，对于他所置身的环境怀有深深的谴责情绪。但是，他不仅不能表达这些谴责，而且如果他受到足够的恐吓，他甚至不敢在他的自觉意识中觉察到它们。这一方面纯粹是由于他对惩罚怀有恐惧，另一方面是因为他害怕失去他所需求的爱。这些幼稚时期的反应在现实中有着坚实的基础，因为创造这种环境的父母，由于他们自身的神经性敏感，而无法接受任何批评。然而，父母一贯正确的看法普遍存在，原因在于一种文化因素。[①]在我们的文化中，父母的地位建立在权威力量之上，他们总是能够依靠这种权威力量来强迫子女服从。在很多家庭中，仁爱维持着家庭关

[①] 参见埃里希·弗洛姆《权威与家庭》。

系，父母就不需要强调他们的权威力量。尽管如此，只要这种文化态度存在，它就会以某种方式给家庭关系蒙上阴影，即使当它隐入幕后时也是如此。

当一种关系建立在权威的基础上时，批评将会被禁止，因为它会对权威造成破坏。这种批评还可能被公开禁止，并通过惩罚来强制执行禁令。或者，更有效的方式是，这种禁止可能更加含蓄，依靠道德来实施。那么，来自孩子的批评不仅受到父母的个人敏感程度的制约，而且还会受到下面事实的制约，即根据盛行的文化态度，让父母认为批评父母是一种罪过，并试图或含蓄或明确地影响孩子，也让孩子产生与父母同样的感觉。在这样的情形下，一个不那么胆怯的孩子可能会表达一些反抗，但反过来反抗会让他感到内疚。一个比较胆怯的孩子不敢显示任何不满，逐渐地甚至不敢去想他的父母也有可能是错误的。不过，他感觉肯定是有人错了，并因此得出结论，既然父母始终是正确的，那么错的一定是他自己。不用说，这通常不是一种理智推论的过程，而是一个情感过程。它不是由思维决定的，而是来源于恐惧。

通过这样的方式，孩子开始产生负罪感，或者更准确地说，他形成了在自己身上寻找和发现错误的倾向，而不是冷静地估衡双方是非，客观地考量整个形势。他的自我责备可能让他感到自卑，而不是感到内疚。两者之间的差别只有不太稳定的界限，它完全取决于对他所处的环境中通行的道德或含蓄或明确的强调。一个女孩始终屈居于她姐姐之下，出于恐惧而屈从于不公正的对待，压制着她实际感受到的不满，她可能会告诉自己，这种不公正的对待是合理的，因为她不如她的姐姐（不如她漂亮，不如她聪颖），或者她可能相信这是正当的，因为她是一个坏女孩。在这两种情况下，她都是怪罪自己，而没有意识到她是被冤枉了。

这种反应不见得会一直持续下去；如果它在孩子身上不是根深蒂固，一旦孩子周围的环境发生了改变，或者他的生活中出现了欣赏他、情感上支持他的人，这种反应就会发生变化。如果这样的变化没有发生，把对他人的指责转化为自我指责的倾向就会变得越来越强，而不是越来越弱。与此同时，对世界的怨恨会逐渐地从不同来源积聚起来，对表现恐惧的怨恨也在增长，因为害怕被识破的恐惧不断增强，并且会假定别人也像他一样敏感。

但是，认识到一种态度的历史渊源并不足以对它作出解释。无论从实际的角度，还是动力的角度来看，更重要的问题是当时是什么因素导致了这种态度。神经症患者特别难以批评别人、指责别人，是因为在他的成年人性格中存在着各种决定性因素。

首先，这方面的无能是他缺乏自发的自我肯定的表现之一。为了理解这一缺陷，人在争论中能够捍卫自己的观点，能够驳斥毫无根据的指责、讽刺或者无理要求，能够从内到外对别人的忽视或者欺骗进行抗议，能够在他不喜欢和当时的处境不允许他接受的情况下拒绝他人的请求或者给予。如有必要，他能够感受并表达对他人的批评，能够感受并表达对他人的指责，或者如果他愿意，他就可以从容不迫地避开某人或者打发某人。此外，他能够在不带有过度紧张的情绪下进行自卫或者进攻，能够在过分的自我谴责和过强的攻击性之间保持不偏不倚的适中状态，而过强的攻击性会让他对这个世界产生蛮横无理的、过当的谴责。因而，只有在神经症或多或少有所缺乏的条件基础上，才有可能做到恰到好处：从弥漫的无意识敌意中获得相对的自由和相对安全的自尊。

当缺乏这种自发的自我肯定时，不可避免地结果就是产生软弱感和缺乏安全感。一个人如果知道（或许从未考虑过）只要形势需要他就可以发起攻击或者自卫，他就是坚强的，而且他也感到自己是坚强的。一个人如果自认为事实上他可能做不到这一点，他就是懦弱的，而且他也感到自己是懦弱的。我们会像电子时钟一样准确记录下，我们是由于恐惧还是由于明智而制止了一场争论，我们是由于懦弱还是由于正义而接受了别人的指责，即使我们能够成功地欺骗意识中的自我，也欺骗不了内心中的自我。对于神经症患者来说，对懦弱的这种记录是产生恼怒的永不枯竭的秘密源泉。很多抑郁症都是在一个人不能为自己辩护或者不能表达批评意见之后开始发生的。

批评和谴责他人的另一个更重要的障碍与基本焦虑直接相关。如果一个人感到外部世界充满了敌意，如果他对此感到无能为力，那么冒任何惹怒别人的风险似乎纯粹是鲁莽行为。对于神经症患者来说，这种危险显得尤为巨大，而他的安全感越是建立在得到他人的感情的基础上，就越是害怕失去这种感情。对他而言，惹怒他与惹怒正常人有着完全不同的含义。既然与他人的关系如此淡薄与脆弱，他自然不会相信，别人与他的关系会有多好。因此，他觉得惹怒他们会有关系最终决裂的危险；他预感到自己会被完全抛弃，必定会被唾弃或者憎恨。另外，他自觉或不自觉地假定，其他人也像他一样害怕被人识破隐秘，遭到批评，因此他倾向于像他希望别人小心翼翼地对待自己一样，小心翼翼地对待他人。他对提出指责甚至受到指责的极端恐惧，让他处于一种特别的窘境，因为正如我们看到的那样，他的内心充满了受到压抑的怨恨。事实上，熟悉神经症患者行为的每个人都知道，大量的指责确实有时候会以隐蔽的，有时候以公开的、最具有攻击性的形式表达出来。尽管如此，由于我坚信神经症患者对于批评和指责有一种基本的怯懦，因此有必要简要讨论一下这些指责是在什么情况下表现出来的。

它们可以在绝望的压力之下表现出来，更确切地说，是在神经症患者感觉再也没有什么东西可以因此而失去的时候。这时，他感觉无论在什么情况下，不管他的行为如何，都将遭到拒绝。例如，如果他特别努力表现出来的友善和体贴，没有立即得到回报或者被拒绝，这样的情形就会发生。他的指责是在一件事上爆发，还是持续一段时间，取决于他的绝望持续的时间有多长。他可能在一次危机中把他对别人的所有指责都倾泻到他人身上，或者可能他的指责会延续较长一段时间。他确实说到做到，并且希望他人认真对待他所说的，但他心里暗自期望他们能够意识到他那深深的绝望，从而宽恕他所做的一切。即使没有绝望，只要这些指责涉及的是神经症患者有意识憎恨并且不指望从他们那里得到好处的人，相似的情形也会存在。而在另一种我们马上就要讨论的情况下，甚至于连真诚的要素也不存在了。

如果神经症患者发觉自己已经被识破和受到指责，或者处于即将被识破和受到指责的危险中，他也会或猛烈或不那么猛烈地指责他人。这时，惹恼他人的危险与他不受他人欢迎的危险相比，似乎是稍小一点儿的危害了。他感到自己正处于紧急关头，并做出反击，像生性怯懦的动物一样，面临危险时奋力突出重围。神经症患者可能会在他们非常害怕某些事情被揭露出来的时候，或者当他们做了一些他预料到会遭到反对的事情时，猛烈地向精神分析医生倾泻指责。

与在绝望压力下做出的指责不同，这种攻击的发动是盲目的。在发泄攻击和指责时，神经症患者并不确信它们是正确的，因为它们的产生纯粹是来自一种不管采用什么方式都需要避开迫在眉睫的危险的感觉。虽然它们可能偶尔包含着一些被认为是真实的指责，但基本上它们是言过其词的、不切实际的。神经症患者自己在内心深处并不相信它们，不指望别人严肃对待它们，如果别人信以为真，比如如果对方开始认真地与他争论，或者表现出受到伤害的迹象，他反倒感到大为吃惊。

当我们认识到对指责的恐惧是神经症人格结构中固有的东西，并进一步认识到这种恐惧的表现方式，我们就能够明白，为什么在这方面显露的表面现象经常是自相矛盾的。神经症患者常常不能表达正当合理的批评，即便他的心中充满了强烈的指责。每当他丢了什么东西，他可能会坚信是女佣把它偷走了，但是他却完全不能由于女佣没有准时端上晚饭而指责她，甚至提出反对意见。他所表达的指责往往带有某种不现实的特点，不能说到点子上，具有虚伪的色彩，但又并不是毫无根据或者完全不着边际。作为病人，他可能会以粗野的指责抨击医生毁了他，但他却不能对医生抽烟的爱好表示真正的异议。

这些公开表达出来的指责通常不足以释放所有郁积的被压抑的怨恨。为了做到这一点，间接的方式是必要的，这些方式让神经症患者在没有意识到他在这样做的情况下得以表达他的怨恨。有些是在不经意间表现出来的，有些则从他真正想要指责的人转移到了相对来说无关的人身上，例如，当一个女人对丈夫怀有嫌怨时可能会训斥她的女佣，但一般来说她会转而诅咒环境或者埋怨命运。这些间接发泄是"安全阀"，它们本身并不是神经症所特有的。神经症特有的间接地、无意识地表达指责的方式，是通过遭受痛苦作为媒介。通过遭受痛苦的方式，神经症患者可以让自己成为活生生的谴责对象。妻子因为她的丈夫回家太晚而生病，以此表达怨恨要比大吵大闹更有效，而且还有利于让她在她自己的眼中成为一个无辜的受害者。

用遭受痛苦或自找苦吃表达谴责的有效程度，取决于对提出谴责的抑制作用。在恐惧不是特别强烈的时候，遭受痛苦可能会戏剧性地展露出来，并伴随着一般性的公开指责："你看你让我多么痛苦啊！"实际上，这是指责能够表达出来的第三种条件，因为痛苦使指责显得正当合理。在这里，这种方式与我们已经讨论过的用来获得爱的方式有着密切联系；谴责性的痛苦同时也用来请求获得怜悯，以及勒索恩惠，以作为对所受伤害的补偿。在做出谴责时越是克制，痛苦就越不明显。这种情形可能会发展到神经症患者甚至不让他人注意到他正在遭受痛苦的事实。总之，在神经症患者展示出来的痛苦中，我们见识到了各种各样的变化形式。

由于来自四面八方的恐惧困扰着他，神经症患者总是在谴责他人和自我指责之间左右摇摆。由此产生的一个结果是,他永远无法确定他的批评是否正确,或者无法判断他自己是否受到了委屈。根据经验他隐约知道,他的指责通常是不合理、不合乎实际的,不过是由他自己的非理性反应引起的。这一认知也让他很难认识到他是不是真的受到了委屈,从而使他在必要的时候无法采取坚定的立场。

观察者往往容易把所有这些临床表现解释为特别敏锐的负罪感的表达。这并不意味着观察者就是神经症患者,但它确实暗示了他与神经症患者的思维方式和感受方式都受到了文化的影响。要理解文化影响如何决定了我们对于负罪感的态度,我们就必须考虑历史的、文化的和哲学的问题,这些问题远远超出了本书讨论的范围。不过,即便完全略过这些问题,至少还有必要提到基督教思想在道德问题上的影响。

关于负罪感的讨论可以简略总结如下:当神经症患者指责自己或者表现出某种负罪感时,我们首先应该追问的不是"他真正感到有罪的内容是什么"而是"这种自我谴责态度的功能可能是什么"。我们发现的最主要的功能是:表现其对于反对的恐惧,对这种恐惧进行防御,以及避免他人提出指责。

当弗洛伊德及其跟随他的大多数精神分析医生把负罪

感视为终极动因时，他们的确反映了他们那个时代的思想潮流。弗洛伊德承认负罪感来源于恐惧，因为他想当然地认为恐惧有助于"超我"的产生，而超我是造成负罪感的原因；但他倾向于认为良知的要求和负罪感一旦确立，就会发挥终极作用。进一步的分析表明，即使我们学会了用负罪感对良心的压力做出反应，并接受了外在的道德标准，隐藏在负罪感背后的动机——尽管它只是以微妙和间接的方式表现出来，仍然是对后果的直接恐惧。如果承认负罪感本身不是终极驱动力，那么就有必要修正某些精神分析理论，它们建立在假定负罪感——特别是那些具有分散特点、弗洛伊德尝试性地称之为无意识的负罪感，在导致神经症方面起着至关重要的作用。我将只提及这些理论中最重要的三种说法：一是"消极治疗反应"，它认为病人宁愿继续生病是无意识中的负罪感所致[1]；二是超我是一种对自我施加惩罚的内部结构；三是道德受虐倾向，即将自我施加的痛苦解释为需要自我惩罚的结果。

---

[1] 参见K.霍妮：《消极治疗反应问题》，载《精神分析季刊》1936年第5期，第29—45页。

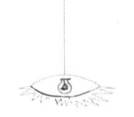

第十四章

神经症受苦的意义——受虐倾向问题

我们已经看到，神经症患者在与他的内心冲突作斗争的过程中，经受了大量的痛苦，而且他经常将受苦作为手段，以达到由于现存困境使用其他方式难以达到的特定目标。尽管在每一种个人情境中我们都能发现使用痛苦作为一种手段的原因，以及通过它所要达到的目的，但是仍然存在着一些令人困惑的问题，使我们不明白他们为什么舍得付出如此巨大的代价。这种看起来好像是在滥用痛苦，以及随时准备逃避积极把握人生的态度，来自一种潜在力量的驱动，这种驱动力大致可以描述为一种使自己更加软弱而不是更加坚强，使自己更加不幸而不是更加快乐的倾向。

由于这种倾向与人们对于人性的基本看法相悖，它便成了一个巨大的不解之谜，而且事实上成了心理学和精神病学的绊脚石。这确实是受虐狂的一个基本问题。受虐狂这个术语最初指的是性变态和性幻想。在性幻想中，性满足的获得是通过遭受痛苦，通过挨打、受折磨、遭强暴、被奴役、被凌辱实现的。弗洛伊德已经意识到，这些性变态和性幻想类似于某些一般的受苦倾向，也就是说，类似于那些没有明显性基础的受苦倾向。这些倾向被归类为"道德受虐"。由于在性变态和性幻想中，受苦的目的在于获得积极的满足，于是可以得出这样的结论，所有的神经症受苦是由一种渴望满足的愿望决定的，或者简单明了地说就是：神经症患者渴望受苦。性变态与所谓的道德受虐之间的差别，被认为是有无自觉意识的差别。在前者中，对满足的追求以及满足本身都是有意识的；而在后者中，这两方面都是无意识的，不自觉的。

通过自找苦吃获得满足，即使在性变态中也是一个很大的问题，而在一般的受苦倾向中，这个问题变得更加令人疑惑不解。

很多人曾试图对受虐现象做出解释。其中最精彩的是弗洛伊德的死亡本能假说。[①]其主张简单来说就是，人体内存在着两种主要的生物性力量在发挥作用：生存本能和死亡本能。死亡本能的目的在于自我毁灭，当它与力比多驱力相结合，就会导致自虐现象。

我想在这里提出一个非常有意思的问题，是否可以从心理学角度去理解受苦倾向，而不必求助于生物学假说。

首先，我们必须澄清一种误解，该误解在于将实际的痛苦与受苦倾向混为一谈。我们没有理由草率地得出这样的结论：因为痛苦存在，所以就有遭受痛苦甚至享受痛苦的倾向存在。例如，我们不能像多伊奇一样，将女性分娩时会疼痛这一事实解释为女性有着受虐狂般的暗中享受这些疼痛的倾向[②]，尽管在特殊情况下这可能的确会发生。事实上，神经症患者的许多痛苦与受苦的愿望没有任何关系，而仅仅是实际存在的冲突不可避免的结果。它的发生就像一个人断了腿会感受到疼痛一样。在这两种情况下，不管人们是不是想要痛苦，痛苦都会发生，而且他从他遭受的痛苦中得不到任何好处。由实际存在的冲突引起的显而易

[①] 弗洛伊德：《超越快乐原则》，载《国际精神分析图书馆》第4期。
[②] H. 多伊奇：《母性与性》，载《精神分析季刊》1933年第2卷，第476—488页。

见的焦虑非常突出,但不是神经症受苦的唯一例证。其他类型的神经症痛苦也可以这样去理解,比如意识到自己的潜力与实际成就之间存在着越来越大的差距而伴生的痛苦,或由于感觉到绝望地陷入某种困境而伴生的痛苦,或对于最轻微的冒犯过度敏感而伴生的痛苦,以及为患上了神经症自轻自贱而产生的痛苦。这些神经症痛苦,由于不是特别引人注目,当用神经症患者渴望受苦遭罪这一假定来对待时,往往被完全忽略。如果这样假定,我们往往会好奇,外行人,甚至是一些精神病医生,究竟在多大程度上也像神经症患者一样对自己的疾病抱有轻蔑态度。

在排除了那些不是由受苦倾向引起的神经症痛苦之后,我们现在要转向那些的确是由受苦倾向引起,并因而被归到受虐冲动范畴的神经症痛苦。在这些神经症痛苦中,人们得到的表面印象是,神经症患者遭受到的痛苦要比在现实中被证实的痛苦多得多。更确切地说,他给人们的印象,仿佛是他想要贪婪地抓住每一个受苦的机会,使他能够想方设法把哪怕是幸运的情境也转变成某种痛苦的情境,仿佛他非常不情愿放弃痛苦。然而,给人造成这种印象的行为,很大程度上应该由神经症痛苦对当事人所具有的功能来解释。

至于神经症痛苦的这些功能，我可以再总结一下我们在前面章节中所看到的。对神经症患者来说，受苦可能具有直接的防御价值，事实上，往往可能是他能够保护自己免遭迫在眉睫的危险的唯一方式。通过自我指责，他能够避免指责别人以及被别人指责；通过表现出生病或者无知，他得到了原谅；通过贬低自己，他避免了竞争带来的危险——不仅如此，他因此给自己带来的痛苦同时也是一种防御手段。

遭受痛苦也是他获得他想要的东西、有效地实现他的要求，并将这些要求合理化的一种手段。关于他对生活的各种愿望，神经症患者实际上处于十分尴尬的窘境。他的愿望已经变成强制性的和无条件的，部分是因为它们受到焦虑的促动，部分是因为它们不受任何真正地为他人作现实考虑的制约。但另一方面，他主张自己的要求的能力大大削弱，因为他缺乏自发的自我肯定，更笼统地说，因为他有一种软弱无能的基本感觉。这种困境所产生的结果是，他期待别人能够关照他的愿望。他给人的印象是，仿佛在他行为背后隐藏着这样一种信念，即别人应该为他的生活负责，如果事情出了差错，他们就应该受到谴责。这种信念与没有人能够给他任何帮助的信念相抵触，结果是他觉得他必须强迫别人满足自己的愿望。正是在这里，受苦出来帮助了他。痛苦和软弱无能成为他获得爱、帮助以及控制他人的突出手段，与此同时也让他逃避了别人可能对他提出的所有要求。

最终，受苦具有了以伪装但有效的方式对别人进行谴责的功能。这个问题我们在上一章中已经详细探讨过。

一旦认识到神经症痛苦的功能，我们就剥去了这个问题的某些神秘性质，但仍然没有彻底解决问题。尽管我们认识到痛苦具有策略上的价值，但还有一个因素支持神经症患者渴望受苦这种观点：神经症患者遭受的痛苦通常比为达到策略目标应受的痛苦要多，他们倾向于夸大自己的痛苦，使自己沉浸在软弱无能、不幸和毫无价值的感觉中。尽管我们知道患者的情绪很可能被夸大了，不能从表面看待它们，但我们仍然震惊于这样的事实：从他的内心冲突倾向所产生的失望，将他抛入了痛苦的深渊，这种痛苦与当时的处境对他的意义而言是极不相称的。当他不过是取得了一点儿成就时，他会戏剧性地把他的失败夸大成一种无法挽回的耻辱。当他仅仅是不能获得自我肯定的时候，他的自尊心就像泄了气的气球。当在精神分析过程中为解决一个新问题不得不面对不愉快的前景时，他会陷入完全的绝望。因此，我们必须考察他为什么心甘情愿地增加超过策略上所需要的痛苦。

在这样的痛苦中，并没有什么明显的好处可以获得，没有需要感动的观众，没有需要赢得的同情，也不可能通过在别人身上实现自己的意愿而取得精神上的胜利。尽管如此，神经症患者还是有所收获，只不过是另一种不同的收获。在爱情中招致失败，在竞争中受挫，不得不承认自己确实存在弱点或者缺陷，对于一个过高估计自己独特性的人来说是不可忍受的。因此，当他在自我评估中将自己逐渐降低到什么也不是的时候，成功与失败、优势和劣势的区别也就不存在了；通过夸大他的痛苦，让自己迷失在痛苦或毫无价值的基本感觉中，这种沉重的体验在某种程度上失去了它的真实性，这种特殊痛苦所能带来的刺激也被催眠了，被麻醉了。在这个过程中，发挥作用的原理是辩证法，它包含着哲学真理，即量变达到一定的程度可以引起质变。具体来说，它的意思是，尽管受苦令人感到痛苦，但是让他自己沉浸在极度痛苦中，可以起到麻醉止痛的作用。

这个过程在一本丹麦小说中有着十分精彩的描述。[①]这个故事讲的是一个作家深爱的妻子在两年前被人性侵杀害，他一直在躲避这难以忍受的痛苦，只是模模糊糊地感受到已经发生的悲剧。为了逃避现实中的悲痛，他投入到工作中去，经过昼夜不停地劳作，完成了一本书的创作。故事从这本书完成的这一天开始，也就是开始于他不得不面对他的痛苦的那一心理瞬间。我们第一次遇到他是在墓地，他的脚步不知不觉将他引领到这里。我们看到他沉湎于最可怕和最荒诞的幻想中，在这些想象中，蛆虫咬噬着死者的尸体，人们被活活地埋在地下。他身心憔瘁地回到家中，然而折磨仍在继续。他被迫详细回忆已经发生的事。如果那天晚上她去拜访朋友时他陪她同去，如果她通过电话让他去接她，如果她待在朋友家里，如果他出去散步碰巧在车站遇见她，或许谋杀就不会发生。由于被迫想象谋杀如何发生的细节，他沉浸在无法自持的痛苦中，直至最后失去了知觉。到此为止，这个故事对于我们一直在讨论的这个问题特别有意义。接下来发生的事情是，从肆虐的痛苦折磨中恢复过来以后，他仍然不得不完成复仇的问题，最

[①] 艾格·冯·科尔：《通宵达旦之路》。

后他终于能够现实地面对自己的痛苦。故事中呈现的这个过程，在某些哀悼风俗里同样可以看到，这些风俗通过剧烈地强化痛苦，并引导人们完全沉浸在痛苦之中，从而缓解失去亲人的痛苦。

当我们认识到这种夸大痛苦的麻醉作用时，我们就得到了进一步的帮助，去寻找受虐倾向中能够被人们所理解的动机。但是，仍然存在的问题是为什么这种痛苦可以产生满足感？就像在性变态和性幻想的受虐倾向中明显地使人产生满足感一样，我们相信它确实存在于神经症一般的受苦倾向中。

为了能够回答这个问题，有必要首先分辨出所有受虐倾向共同具有的要素，或者更确切地说，分辨出这些倾向背后对于人生的基本态度。从这个角度去考察的话，可以很明显地发现，它们的共同之处乃是一种内在的软弱感。这种感觉表现在对待自己、对待他人，以及对待命运的总体态度上。简而言之，它可以被描述为一种深深的微不足道的感觉，或者更像是虚无感。这是一种像芦苇一样很容易被风吹拂摇摆的感觉。这是一种受到他人控制、随时俯首听命的感觉，它表现在具有过于服从的倾向，以及过分强调控制别人和绝不退让的防御态度。这种感觉依赖于爱和他人的评价，前者表现为过度需要爱，后者表现为对于遭到反对的过度恐惧。这是一种在自己的生活中缺少发言权，不得不让他人为此承担责任并做出决定的感觉。这是一种善与恶都来自外界，一个人对于命运完全无能为力的感觉，其消极表现为对厄运降临的预感，其积极表现为期盼着不用自己动一下手指就会有奇迹发生。这是一种若没有别人提供激励、方法和目标，他就不能呼吸、不能工作，不能享受任何事物的对于人生的总体感觉。这是一种被人玩弄于股掌之中的感觉。我们怎么去理解这种内在的软弱无力感呢？归根结底，这是缺乏生命活力的表现吗？在某些情况下可能是这样，但总的来说，神经症患者的生命活力与正常人的差别并不大。这只是基本焦虑所造成的简单结果吗？不错，焦虑与此有关，但只有焦虑的话可能会产生相反的作用，它可以驱使他为了安全起见而追求和获得越来越多的力量和权力。

答案在于，这种内在软弱无力的感觉根本不是事实，他感到的软弱和表现出来的软弱，仅仅是一种软弱倾向的结果。这一事实可以从我们已经探讨过的神经症特征中看到：神经症患者在自己的感觉中，不自觉地夸大了他的软弱，并顽固地坚持着他的软弱。然而，这种软弱倾向不仅可以通过逻辑推理发现，在我们的工作中也经常发现。病人可能在想象中抓住各种机会，相信自己患上了器质性疾病。有一个病人，只要一遇到什么困难，就特别希望自己得了肺结核，能够躺在疗养院里得到全面的照顾。如果有人提出任何要求，这样的病人第一反应就是屈从，接着他又会走向另一个极端，不惜任何代价拒绝屈从。在精神分析中，病人的自我谴责往往是将预先估计到的批评作为他自己的意见，这就表明了他随时准备着提前屈从于别人的任何评判。盲目地接受权威意见，依赖别人，总是抱着"我不行"的无能态度逃避困难，而不是把困难当作挑战来接受，这些都进一步证明了软弱倾向的存在。

通常，在这些软弱倾向中遭受的痛苦，不会令人产生可以意识到的满足，不过，不管它们的目的是什么，它们肯定是神经症患者对于痛苦的总体意识的组成部分。虽然如此，这些倾向仍然是为了获得满足，哪怕它们不能达到目的，或者至少表面上没有达到目的。这一目的偶尔可以观察得到，有时甚至变得非常明显，达到了获得满足的目的。一个病人去拜访居住在乡下的朋友，因为没有人来车站迎接她而感到失望，当她到达时，一些朋友也不在家。她说，到现在为止，这段经历完全是痛苦的。但是，接着

第十四章 神经症受苦的意义——受虐倾向问题

她发现自己彻底陷入了孤独忧伤和绝望悲凉的感觉中，随后她发觉，这种感觉与其产生的诱因完全不相称。像这种沉浸在痛苦中的感觉，不仅减弱了她的痛苦，而且令她感到非常愉快。

满足得以实现，在具有受虐性质的性幻想和性变态中，比如幻想被强暴、被殴打、被侮辱、被奴役，或者在它们的实际实施过程中更加常见、更加明显。事实上，它们不过是同一种软弱倾向的另一种表现而已。

通过沉浸在痛苦中获得满足，体现了这样一种共同的原则，那就是通过让自己融入在更大的事物中，通过消除个性，通过放弃有着怀疑、矛盾、痛苦、虚伪和孤独的自我，来获得满足。[1]这就是尼采所谓的从"个体化原则"中解放出来。这也是他所说的"酒神精神"倾向，他把它看作人类的基本追求之一，与他所说的"日神精神"倾向相对照，后者致力于积极地塑造和把握人生。鲁斯·本尼迪克特在谈到"酒神精神"倾向的时候，将它与试图获得狂欢体验的努力联系起来，并指出这一倾向在各种不同文化

---

[1] 对在受虐狂倾向中获得满足的这个解释，基本上与前面提到的E.弗洛姆的书中解释的一样。该书由马克思·霍克海姆编辑（1936年）。

中是何等广泛的存在,它的表现形式是何等复杂多样。

"酒神精神"这个术语来自古希腊的酒神崇拜仪式。[①]这些仪式以及早期的色雷斯人(Thracians)的崇拜仪式,其目的在于强烈刺激所有的感觉,直到产生幻觉状态。产生这种狂热状态的方式是音乐、韵律统一的长笛、晚上发疯舞蹈、醉饮、性放纵等,所有这些都能帮助人们达到高度兴奋和"灵魂出窍"状态("灵魂出窍"这个词在这里的意思是无我或者忘我)。世界各地都有遵循相同原则的风俗和信仰崇拜:对集体来说,是节日的放纵和宗教的狂欢,对个人来说,通过服药以致幻忘形或解脱。疼痛在形成酒神精神的条件方面也发挥作用。在一些大平原印第安人(Plains Indian)的部落,诱发幻觉的方式是通过禁食、从身体上割一块肉,用一种痛苦的姿势将人捆绑等。在大平原印第安人最重要的仪式之一太阳舞中,肉体折磨是刺激产生灵魂出窍体验的一种非常普遍的方式。[②]中世纪的鞭身教派教徒使用鞭笞来获得灵魂出窍的感觉。新墨西哥州的

---

① 艾尔温·罗德:《灵魂:希腊人对灵魂和信念永生的崇拜》(1925年)。
② 莱斯利·斯皮尔:《大平原印第安人太阳舞:它的发展与传播》,载《美国自然历史博物馆人类学论文集》第16卷,第7部分(纽约,1921年)。

忏悔教徒则使用尖刺、敲打和背负重物来获得这种感觉。

尽管酒神精神的这些文化表现在我们的文化中还远不是定型的经验，但我们并非完全陌生。在某种程度上，我们所有人都体验过从"失去自我"中获取满足。在经过身体紧张或者精神紧张之后进入睡眠的过程中，或者在进入麻醉状态的过程中，我们都能感受到它。酒精也能产生同样的效果。在使用酒精时，解除抑制作用当然是其中一个原因，减轻悲伤与焦虑是另一个原因，但是在这里，最终的目的同样是解脱与放纵。所以，人们都懂得让自己迷失在某种美妙的感觉中以获得满足，这种感觉不管是爱情、大自然、音乐、对事业的热忱，还是性放纵。那么，我们该如何解释这些追求所明显具有的普遍性呢？

尽管生活能够提供各种各样的幸福快乐，与此同时也充满了不可避免的悲剧。即使没有特别的痛苦，也仍然存在着生老病死这些事实。更概括地说，个人是有限的、孤独的，这个事实是人的生命中固有的。人们所能够理解的、实现的或者能够享受的，都是有限的。由于他是一个独一无二的存在个体，由于离群索居，脱离了周围的大自然，他又是孤独的。事实上，这种个人局限和孤独，正是大多数倾向于解脱和放纵的文化所要克服的。对这种追求最深刻和最出色的表达，可以在《奥义书》中看到，也可以从百川东流，归于大海，失去了自己的名称和形状这一自然画面中发现。通过将自己融入更宏大的东西中，使自己成为更大实体的一个组成部分，个人就在一定程度上克服了他的局限。就像《奥义书》中表达的那样："通过消失于无有，我们汇入宇宙生生不已的创造之中。"这似乎是宗教必须提供给人类的巨大安慰和满足。通过失去自我，他们可以与自然融为一体。献身于一项伟大的事业，也能够获得同样的满足，我们会觉得自己与一个更大的整体合而为一。

在我们的文化中，我们更熟悉的是一种相反的对待自我的态度，这种态度强调并高度重视个性的独特性和唯一性。我们文化中的人强烈地感觉到自我是一个独立的整体，与外部世界相区别或者相对立。他不仅坚持这种个体性，而且从中获得了非常多的满足；他在发展自己的特殊潜能中，在通过积极的征服掌握世界和主宰自己的过程中，在富有建设性和从事创造性工作中，找到了幸福快乐。关于个人发展的理想，歌德曾说："人类所能获得的最大幸运，唯有发展自身的个性。"

但是我们探讨过的那种与此对立的倾向——突破个体性的桎梏以及摆脱它的局限和孤独的倾向，同样是根深蒂固的人类态度，并且也孕育着潜在的满足感。这两种倾向本身都不是病态的；无论是保持和发展个性，还是牺牲放弃个性，都是解决人类所面对的问题的正当合理的目标。

在表现放弃自我倾向时，几乎没有哪一种神经症不是采用直接的方式。它可能表现为幻想离家出走，成为一个流浪汉，或者失去他的身份；将自己当作读过的书中的人物形象；像一个病人说的那样，感觉在黑暗和波涛中被遗弃，并与黑暗和波涛融为一体。这种倾向可以存在于被催眠的愿望、神秘主义、不真实的感觉、对睡眠过度需求，以及对疾病、精神错乱、死亡充满诱惑的感觉之中。正如我之前提到的，在受虐的幻想中，它们的共同之处是都有一种被人揉捏于股掌之中的感觉，一种被剥夺了意志、力量的感觉，一种完全受他人支配的感觉。当然，每一种不同的表现形式都取决于它特定的方式，并具有它自己的内涵。例如，被奴役的感觉可能只是受害倾向中的一个组成部分，因而成为避免奴役他人的冲动的一种防御手段，也是对他人不受自己支配的一种谴责。但除了具有表现防御和敌意的作用之外，它还暗含着自我放弃的积极作用。

无论神经症患者屈服于他人还是屈服于命运，无论他愿意承受哪一种痛苦，他所寻求的满足都好像是在削弱或者消灭个体自我。于是他就不再是积极的行为主体，而变成了一个缺乏个人意志的被动客体。

一旦受虐倾向像这样被纳入到放弃个人自我的总体倾向中，通过软弱无能和遭受痛苦的方式寻求或者获得满足，就没什么好奇怪的了；它被放到了一个人们熟悉的参照系中。①神经症患者身上的受虐倾向之所以顽固，可以用这个事实来解释，即它们同时起到了对抗焦虑以保护自己的作用，并且提供了潜在的或者现实的满足感。正如我们已经看到的，除了在性幻想或者性变态中，这种满足很少是名副其实的，尽管对它的追求在软弱无能和消极被动的总体倾向中是一个重要的因素。于是，最后一个问题就产生了，为什么神经症患者很少能够达到解脱和放纵的状态，以获得他寻求的满足感呢？

妨碍神经症患者得到这种满足的一个重要原因是，受虐冲动被神经症患者对个体独特性的极端强调所抵消。大多数的受虐现象与神经症症状拥有一个共同的特征，即在

---

① 为解决受虐狂问题，W. 赖西在《精神关联与植物循环》和《性格分析》中做过类似的努力。他也主张，受虐倾向与这种快乐原则并不相悖。然而，他把它们放在性的基础上，认为它们是对性快乐的追求而我把它们视为对消弭个人界限的追求。

解决互不相容的追求时，要达成一种妥协。神经症患者倾向于服从他人的意志，但与此同时又坚持认为这个世界应该适应自己。他总是感到自己被奴役，同时又认为他对别人的权力控制应当无可非议。他希望自己无能为力，以得到别人的照顾，但与此同时坚持认为自己应该自立自足，并认为自己无所不能。他往往觉得他什么都不是，无足轻重，但是当他没有被当作天才对待时，却大为恼火。因此，没有绝对令人满意的解决方案可以调解这些对立的极端，特别是在这两种追求都如此强烈的时候。

　　追求解脱的冲动在神经症患者身上要比正常人更加必要急需，因为前者不仅希望摆脱人类普遍存在的恐惧、局限和孤独，而且希望摆脱一种感觉，即他被困于无法解决的冲突和由此引起的痛苦之中。他对权力和自我扩张的那种自相矛盾的追求，同样是不可遏止，而且比正常人更加迫切。毫无疑问，他确实试图完成不可能完成的任务，想要马上变得无所不能。例如，他生活在软弱无能的状态之中，与此同时借助他的软弱无能来对别人发号施令。他自己可能会将这样的妥协误认为是一种屈从的能力。事实上，有时候甚至连心理学家也倾向于将两者混淆，认为屈从本身就是一种受虐态度。然而实际情况恰恰相反，具有受虐倾向的人完全不会屈服于任何事或任何人。例如,他不能把全部精力都投入到一项事业中,或者不能在恋爱中把自己整个交给对方。他可以屈从并沉浸于痛苦之中,但在这种屈从中,他完全是消极被动的,而导致他受苦的感情、兴趣或者他人,只是他拿来用作失去自我的一种手段,以便通过迷失自我来达到解脱的目的。他自己与他人之间没有积极的相互作用,而只是以自我为中心专注于他自己的目的。真正献身于一个人或者一项事业,是一个人内在力量的表现,而受虐式的屈从从根本上说则是一种软弱的表现。

神经症患者所寻求的满足感很少达到,另一个原因在于我描述过的神经症结构中固有的破坏性因素。这些因素在"酒神精神"驱动的文化中是缺失的。也没有什么东西能比得上神经症对人格结构、对获得成功与幸福的潜力造成的破坏。且让我们拿希腊人的酒神崇拜与神经症患者疯狂的幻想做一下比较。前者是为了追求一种短暂的用来增加生活欢乐的忘我体验;后者追求解脱与放纵,既不是为了重生而暂时投入,也不是为了让生命更加丰富与充实。它的目的是摆脱整个痛苦的自我,不管它的价值如何,完好无损的那部分人格会对它做出恐惧反应。事实上,部分

第十四章 神经症受苦的意义——受虐倾向问题

人格将整个人格推向灾难性可能的恐惧，往往是影响意识的唯一因素。神经症患者对此所知道的一切，是害怕陷入疯狂的恐惧。只有把这个过程分解成几个构成部分——一种自我放弃的冲动和一种反应性恐惧，我们才能明白，他明显是在追求一种满足感，但是他的恐惧却阻止他获得满足。

我们文化中有一种独特的因素，强化了与追求解脱的冲动有关的焦虑。在西方文明中，几乎很少有文化模式能够让这些冲动即使不考虑它们的神经症性质获得满足。宗教能够提供这样的可能，但对大多数人而言已经失去了它的力量和吸引力。现在，不仅没有获得这种满足的有效的文化手段，而且它们的发展也受到不断打击，因为在一种个人主义的文化中，个人被期望独立自主，坚定自信，如果有必要的话，还要闯出自己的生路。实际上，在我们的文化中，屈从于自我放弃的倾向，会带来被人排斥的危险。

鉴于这种恐惧往往会让神经症患者无法获得他所努力追求的满足，也就可以理解受虐狂式的性幻想和性变态对他具有的价值了。如果他的自我放弃的倾向在性幻想或者性行为中得以实现，他也许能够逃脱彻底自我消泯的危险。像酒神崇拜一样，这些受虐行为冒着对自我伤害相对较小的风险,提供了一种暂时的解脱和放纵。它们渗透到整个人格结构中,有时候集中在性活动上,而人格中的其他部分不受它们的制约,保持相对自由。有这样一些男人,他们在自己的工作中非常活跃,积极进取,也很成功,却时不时地被迫沉溺于受虐狂式的性变态中,比如打扮得像个女人,或者扮作淘气的男孩,然后招致一顿痛打。另一方面,阻止神经症患者为他的困境找到满意的解决方案的恐惧,也可能渗透到他的受虐倾向中。如果这些倾向具有性欲性质,尽管他对性关系有着强烈的受虐幻想,但他会完全地回避性欲,对异性表现出厌恶或严重的性抑制。

弗洛伊德认为受虐倾向本质上属于一种性现象。他提出了解释它们的一套理论。从起源上,他认为受虐是明确的、受生物学决定的性欲发展阶段的某个方面,即所谓的肛门性欲阶段。后来他又补充了一个假说,认为受虐倾向与女性气质有着内在的亲近关系,并隐含着类似实现成为一个女人的愿望。①他最后的假设是,正如前面提到的,受虐倾向乃是自我毁灭倾向和性冲动的结合,其功能在于使

---

① 弗洛伊德:《受虐倾向的经济原则》,《论文集》第2卷,第255—268页;以及《精神分析学演讲新引论》。同时参见凯伦·霍妮:《女性受虐倾向问题》,载《精神分析评论》1935年第22卷。

自我毁灭倾向变得对个人无害。

与此相反，我的观点可以总结如下：受虐倾向既不是本质上的性现象，也不是生物学决定的过程导致的结果，而是源于人格冲突。它的目的不是受苦；神经症患者也和任何其他人一样，希望尽量少受痛苦。神经症患者的痛苦，就其某些功能而言，并非是他所希望获得的，而是他不得不付出的代价，他所追求的满足不是痛苦本身，而是对自我的放弃。

第十五章

文化与神经症

即使是最有经验的精神分析医生，在对每一个神经症患者的分析过程中都会面临新的问题。在每一个患者身上，他都能发现以前从未遇到过的困难，和难以识别并且难以解释的态度，以及乍一看上去不是那么一目了然的反应。回顾前面章节所述的神经症人格结构的复杂性，以及涉及的许多因素，这种变化多样也就不足为奇了。一个人遗传禀性的种种差异，以及他一生中种种经历的差异，特别是童年时代经验的差异，让这些因素的结构与组合表现出无限丰富的多样变化。

不过，正如我们一开始就指出的那样，尽管存在着所有的这些个人差异，神经症赖以形成的决定性的内心冲突实际上却是始终相同的。总体而言，在我们的文化中，健康的人也面临着相同的冲突。我们不可能清楚地划分神经症和正常人之间的界限，这已经是老生常谈了，但是有必要再重复一遍。许多读者面对自己经历中的冲突和态度时可能会反躬自问：我是不是犯了神经症？最有效的判断标准是，个人是否感觉到这些冲突对自己形成了障碍，他能否正视它们并直接应付和解决它们。

当我们认识到我们文化中的神经症患者都遭受着同样的潜在冲突，认识到在较轻的程度上正常人也受到这些冲突的制约，我们将不得不再次面对我们一开始就提出过的那个问题：在我们的文化中，到底是什么条件导致神经症围绕着我所描述的这些特定冲突发生，而不是围绕着其他冲突发生？

弗洛伊德对这个问题仅做了有限的思考；他的生物学取向导致了社会学取向的缺失，因此他经常将社会现象主要归结为心理因素以及生物性因素（力比多理论）。这种倾向容易让精神分析作家相信，战争是由死亡本能的作用导致的，我们现在的经济体系植根于肛门性欲的驱动，机器时代之所以没有在两千年前开始，从那个时代的自恋情结中可以找到原因。

弗洛伊德没有把文化看作复杂的社会过程的产物，而把它主要当作被压抑或者被升华的生物性驱力的产物，其结果就是以此为基础构建了各种反应形式。对这些驱动力的压抑越是彻底，文化的发展程度就越高。因为升华的能力毕竟有限，没有升华的原始驱力受到强烈抑制就会导致神经症，所以文明的发展不可避免地必然隐含着神经症的产生。神经症是人类为文化发展不得不付出的代价。

这一思路隐含的理论前提是，相信存在着生物性决定人性的定律，或者更准确地说，相信口唇欲、肛门欲、生殖器性欲和攻击性驱力以大致相同的当量普遍存在于一切人类身上。个人与个人之间、文化与文化之间性格形成的差异，都是压抑强度有所不同造成的，这种压抑又以不同程度对不同种类的驱力施加了额外限制。

历史与人类学的研究没有证实文化的发展水平与性驱力或者攻击性驱力之间存在着直接关系。这一错误主要在于，它假设的是一种量的关系，而不是一种质的关系。这种关系不是压抑的程度与文化发展程度之间的关系，而是个体冲突的性质与文化困境的性质之间的关系。量的因素不能被忽视，但只有把它放在整个结构的背景中才能给予正确衡估。

我们的文化中存在着某些固有的典型困境，这些困境作为冲突反映在每个人的生活中，日积月累就可能导致神经症的形成。由于我不是社会学家，我将仅仅简单指出对神经症和文化问题产生影响的主要倾向。

现代文化在经济上是建立在个人竞争原则基础上的。独立的个人不得不与同一群体中的其他个人进行竞争，必须超过他们，不断地把他们排挤到一边。一个人的优势就是另一个人的劣势。这种情境的心理后果是人与人之间充满敌对的紧张关系。每个人都是其他人现实的或者潜在的竞争对手。这种情况在同一职业群体成员之间非常明显，不管是否努力做到公平合理，或者尽力通过彬彬有礼的互相体贴加以掩饰。然而，必须强调的是，这种竞争及其伴随的潜在敌意已经渗透到所有的人际关系中。竞争是社会关系中的主导因素之一。它充斥于男人和男人的关系之间、女人和女人的关系之间，不管竞争的焦点是知名度、工作能力、魅力，还是任何其他的社会价值，它都极大地破坏了建立值得信赖的友谊的可能性。正如已经表明的那样，它还扰乱了男人和女人之间的关系，不仅反映在伴侣的选择方面，而且反映在与对方争夺优势地位的整个斗争中。

它还渗透到学校生活中。而且，或许更重要的是，它渗透到家庭生活中，结果便是，作为一种规则，从一开始就给孩子接种了这一病毒。父子之间的竞争、母女之间的竞争、一个孩子与另一个孩子之间的竞争，并不是普遍的人类现象，而是人们对受文化制约的刺激所作出的反应。弗洛伊德的伟大成就之一，就是发现了竞争在家庭中的作用，正如在他的俄狄浦斯情结和其他假说中表达的那样。然而必须补充说明的是，这种竞争本身并不是由生物性条件决定的，而是特定的文化条件的产物；此外，家庭环境并不是激发竞争的唯一因素，竞争性刺激从生到死都在积极活跃地发挥作用。

人与人之间的这种潜在的敌对性紧张关系会导致持续不断地产生恐惧——对他人怀有潜在敌意的恐惧，这种恐惧又因为害怕自己的敌意会遭到报复而加强。正常人身上的恐惧的另一个重要来源是对失败的预期。对失败的恐惧是一种现实的恐惧，因为一般来说，失败的几率要比成功的几率大得多，而且，在一个竞争性社会中，失败意味着个人的需求遭到实际挫折。失败不仅意味着经济上的不安全，而且意味着名声地位受到损失，以及各种情感遭受挫折打击。

成功之所以是一个如此令人神往的目标，另一个原因是它对我们的自尊心的影响。不仅别人会根据我们成功的程度来评价我们,就连我们自己,不管愿不愿意,也遵照相同的模式进行自我评价。依照现存的意识形态,成功取决于我们自身的素质;实际上,它依赖于许多不受我们控制的因素,比如幸运的环境、不择手段等。尽管如此,在现有意识形态压力之下,即使是最正常的人也会被迫感觉到,如果他成功了,他就有所成就,如果他失败了,他就毫无价值。不用说,我们的自尊心建立在一个不太牢靠的基础之上。

竞争以及人与人之间潜在的敌意、恐惧、摇摇欲坠的自尊心,所有这些因素合在一起,在心理上让个人感觉自己受到了孤立。即使他与别人有很多联系,即使他的婚姻美满幸福,他在情感上仍然是孤独的。情感上的孤独对任何人来说都是难以忍受的,如果它与缺乏自信的忧虑恐惧、彷徨犹疑同时发生,就会酿成一场灾难。

正是这种情形,在我们时代的正常人身上激发了用爱作为疗救的强烈需要。爱的获得使他感到不那么孤独,不那么受到敌意的威胁,不那么迷茫。因为爱是生命中必需,所以在我们的文化中,爱被过高估计。像成功一样,爱变成了幽灵一样的存在,给人带来一种幻觉,认为它可以解决所有问题。爱本身并不是一种幻觉,尽管在我们的文化中，它经常被用来作为幌子，满足与爱毫无关系的愿望，但它之所以成为一种幻觉，是由于我们对它的期望要比它可能实现的期望高得多。我们在意识形态上对爱的强调，掩盖了我们对爱产生夸张需求的那些因素。因此，个人——包括正常的个人，总是处于需要大量的爱，但又发现难以得到爱的困境之中。

到此为止，这种情况为神经症的形成提供了肥沃的土壤。影响正常人的文化因素，同样在更高程度上对神经症患者产生影响，并且导致的同样后果不过是更加严重了而已。对正常人而言，这些后果表现为自尊心动摇、潜在的敌意紧张、忧虑、带有恐惧和敌意的好胜心、对令人满意的个人关系的需求增强；对神经症患者而言，这些后果表现为自尊心破碎、破坏性、焦虑、导致焦虑和破坏冲动的竞争心理越来越强烈，以及对爱的过分需求。

如果我们还记得，在每一种神经症中都包含着神经症患者无法调和的矛盾倾向，就会产生疑问：在我们的文化中难道就不存在某些类似的矛盾？这些矛盾构成了典型的神经症冲突的文化基础。社会学家的任务就是研究和揭示这些文化矛盾。对我来说，简明扼要地勾画出某些主要的矛盾倾向就足够了。

首先要提到的矛盾，以竞争和成功为一方面，以兄弟姐妹般的友爱谦让为另一方面。在前一方面，一切都是为了激励我们走向成功，这就意味着我们不仅要坚定自信，积极进取，而且争强好斗，能够把别人排挤到一边。在后一方面，我们又被灌输了基督教思想，它们宣称我们索取任何东西都是自私的，我们应该谦卑、忍让、顺从。对于这种矛盾，在正常范围内只有两种解决方案：要么认真对待其中一种追求，而放弃另一种追求；要么都认真对待，但结果是在两种追求方向上都产生严重的抑制作用。

第二个矛盾发生在我们的各种需求所受到的刺激和满足这些需求时所受到的实际挫折之间。出于经济上的原因，在我们的文化中，我们的需求不断地被广告宣传通过"炫耀性消费""攀比"这样的方式刺激。然而对大多数人来说，这些需求的实际满足是非常有限的。对个人来说，由此产生的心理后果就是，他的欲望和欲望的实现之间总是存在着差距。

另一个矛盾存在于所谓的个人自由和他实际受到的所有限制之间。社会告诉个人，他是自由的、独立的，可以根据他的自由意志决定他的生活；"伟大的人生游戏"向他开放，如果他聪慧能干，精力充沛，他就能得到他想要的一切。事实上，对于大多数人来说，所有这些可能性都是受到限制的。人们平常所说的"我们不可能选择自己的父母"这句玩笑话，同样也可以扩展至日常生活，比如我们不可能选择并成功地从事一项职业，不可能选择娱乐消遣的方式，不可能选择一个伴侣。对个人来说，结果就是在感觉拥有决定自己命运的无限力量和感觉完全无能为力之间彷徨无措。

这些根植于我们文化中的矛盾，恰恰是神经症患者要竭力去调和的冲突：他的攻击性倾向和屈从倾向之间的冲突，他的过分要求和害怕不能得到任何东西之间的冲突，他的自我扩张倾向和他的个人无能为力感觉之间的冲突。他们与正常人的不同仅仅是程度上的。然而，正常人能够在不损害自己人格的情况下应对这些困境，对神经症患者来说，一旦这些冲突加剧到一定程度，就不可能有任何令人满意的解决方式。

那些有可能成为神经症患者的人，似乎以一种着重强调的方式，体验到由文化所决定的困境，这些困境往往通过童年体验作为媒介，因此他要么不能解决它们，要么虽然解决了它们，却要付出人格上的极大代价。我们可以将神经症称为我们文化中不受待见、遭到冷落的"过继子"。